KB001938

공간 산책

공간 산책

1판 1쇄 인쇄 2023. 10. 17.
1판 1쇄 발행 2023. 10. 26.

지은이 김종완

발행인 고세규
편집 김민경 디자인 이경희 마케팅 김새로미 홍보 반재서
발행처 김영사
등록 1979년 5월 17일(제406-2003-036호)
주소 경기도 파주시 문발로 197(문발동) 우편번호 10881
전화 마케팅부 031)955-3100, 편집부 031)955-3200 | 팩스 031)955-3111

값은 뒤표지에 있습니다.
ISBN 978-89-349-5435-4 13540

홈페이지 www.gimmyoung.com   블로그 blog.naver.com/gybook
인스타그램 instagram.com/gimmyoung   이메일 bestbook@gimmyoung.com

좋은 독자가 좋은 책을 만듭니다.
김영사는 독자 여러분의 의견에 항상 귀 기울이고 있습니다.

공간 산책

김종완 지음

김영사

　5년 만에 새 책이 나왔다. 돌아보면 50년 같은 5년이었다. 첫 책은 아버지께 빨리 보여드리고 싶은 마음에 스튜디오를 설립하고 2년 만에 펴냈다. 일종의 출사표였다. 떠난 지 15년 만에 한국으로 돌아와 스튜디오를 차리고 적응하는 시간이 첫 번째 시즌이었다면, 이번에는 종킴디자인스튜디오가 조금은 방향성과 규모를 갖추었으니 나로서는 두 번째 시즌을 맞는 느낌이 든다. 인생에서 가장 반짝거렸던 이삼십 대를 파리에서 보냈기에 헤밍웨이의 말처럼 파리는 여전히 내 마음속에 축제 같은 느낌으로 남아 있다.

　두 번째 시즌을 맞은 지금, 지난 5년의 시간이 응축되어 하고 싶은 이야기도 전보다 훨씬 늘어났다. 그사이 작고 소중했던 첫 보금자리를 떠나 새로운 스튜디오로 이전하기도 했다. 기존 건물에서 걸어서 1분 거리의 건물로 이사한 것이지만 훨씬 규모가 커졌고, 이는 우리 스튜디오의 눈부신 성장을 말해준다. 엘리베이터가 있는 개인 집무실의 통창 밖으로 내려다보면 옛 스튜디오가 있던 골목이 보인다. 스튜디오의 초록색 대문을 열면 펼쳐지던 풍경들. 옹기종기 모여 꿈을 이야기하고, 열정에 차 일하던 모습들. 오래되지 않은 과거지만 어째서인지 아득하게 느껴진다.

스튜디오가 설립된 지 7년이 됐다. 책을 쓰면서 지나간 프로젝트들을 살펴보기 위해 실무 작업용 서버에 들어가 폴더의 번호를 보았다. 234번째 프로젝트가 계약되어 있었다. 참 행복한 일이다. 짧다면 짧은 시간 동안 적지 않은 프로젝트를 할 수 있던 이유는 우리 스튜디오의 진심 때문이라고 생각한다. "미지의 세계에 있는 상상 속 인물의 행복을 기원하며 가치를 그려내는 직업." 우리가 하는 일이다. 스튜디오를 열기 전 계획력 하나만큼은 자신 있어서 어린 나이에 스스로 미래를 정하고 계획을 짜 프랑스로 유학을 떠났고, 갖은 노력 끝에 가장 존경하는 스타 디자이너의 회사에 입사해 커리어를 쌓았다. 하지만 귀국하는 순간, 오직 한 가지 목표만 생각해야 했다. '이 분야에서 되도록 빨리 입지를 다지자.'

이후 안타깝게도 내가 생각해왔던 이상적인 삶과 꿈이라는 건 사라지게 됐다. 매 순간 불행하다고 느끼는 날이 많았고, 어느새 내 뒤엔 책임져야 할 팀원이 늘어나 있었다. 프로젝트도 그랬다. 즐거워야 할 프로젝트가 계주 경기처럼 벅차게 느껴졌다. 숨이 턱 끝까지 차는 기분이었고 몹시 외로웠지만 멈출 수 없었다. 언젠가 한 매체와의 인터뷰에서 일 외에 열정을 쏟는 취미가 무엇이냐는 질문을 받았는데, 잠시 말을 고르다 대답을 못 하고 다음 질문으로 넘어가 버렸다. 당시를 떠올리면 가슴 한구석이 답답할 만큼 고통스럽지만 한편으로는 소중한 사람들을 얻었기에 그 시절이 그립기도 하다. 회사가 소규모이던 시절 함께 책상에 모여 앉아 머리를 맞대고 그림을 그리고 토론했던 시간들, 부대끼며 밥을 먹고 바쁜 와중에도 소소한 안부를 묻곤 했던 마음, 힘을 모아 스튜디오의 기틀을 마련했던 노력들. 서로가 서로를 돌봐주었다고 해도 과언이 아니다. 그래서 그 시절에 위로를 많이 받았고, 그 덕에 현재를 맞이할 수 있었다. 지금은 일부러 시간을 내어 팀원들 속으로 들어가야 해 아쉬운 마음이 들 때도 있지만, 팀원들도 같은 마음인지 묻지는 않았다.

돌아볼 시간도, 방법도 모르던 그때 나를 한결같이 믿어주고 묵묵히 조력자가 되어준 팀원들에게 감사하다. 예전보다 더 다양한 프로젝트에 유연하게 대처하고 겁 없이 도전하는 팀원들의 모습을 보면서 종킴디자인스튜디오의 두 번째 시즌에도 희망이 있음을 느낀다. 지금은 다시 계획력 최고인 김종완으로 책도 펴내고 공간 디자인 분야뿐만 아니라 다른 분야에서도 목소리를 내며 활동하고 있다. 특히 책은 내 인생의 새로운 페이지를 열게 해주었다고 해도 과언이 아닌데, 첫 책이 출간된 이후 국민대학교 조형대학 공간디자인학과의 겸임교수로 발탁되어 강의를 하고 있고, 2022년부터 서울디자인재단의 운영위원과 큐레이터, UN 평화위원 민간인 자문단 그리고 대기업의 신입사원 멘토로도 활동하고 있다. 올해는 서울특별시 디자인산업진흥위원회 위원으로 위촉되었다. 공간을 그리는 디자이너였다가 누군가의 인생에 영향을 주는 길잡이가 되는 삶. 새로운 직함이 느는 만큼 책임감도, 해야 할 공부도 늘어났지만 이를 계기로 나 또한 성장하고 있다. 어떨 때는 잠시 주어지는 휴식시간 같기도 해 기쁜 마음으로 임하고 있다.

가끔 우스갯소리로 '바게트 빼고 한국이 다 이겼다'고 말할 정도로 한국은 문화든 디자인이든 개인의 역량이든 모두 최고 수준인 나라가 됐다. 영감을 얻을 수 있는 환경에 사는 것이 축복이라는 생각이 들면서도 한편으로 다음 세대는 더 먹고살기 어렵겠다는 생각이 든다. 과거 나를 포함한 기성세대는 외국 잡지를 하나 보려면 두세 달을 기다려야 했고, 프랑스 학생들이 루브르에 앉아 데생을 할 때 우리나라 입시 미술 준비생들은 조악한 아그리파를 보고 연습해야 했다. ('라떼' 이야기 같겠지만 사실이다.) 하지만 요즘 친구들은 안목이 상향평준화가 되어 태어날 때부터 예쁜 게 어떤 것인지 본능적으로 안다. 능력도 출중할뿐더러 자신을 가꾸고 사랑하는 마음까지도 가지고 있다. 게다가 그 재능은 한계도 없어서 요즘 세대는 정해진 틀을 거부하고 다양한 시도와 도전으로 자신만의 세계관을 구축해낸다. 이런 현상은 더욱 두드러지는데, 우리 세대 전공자들이 얼라인align에 맞춰서 오와 열, 숫자에 심혈을 기울이며 기술을 쌓았다면, 요즘 세대는 그런 전문지식 하나 없이도 대중의 마음을 사로잡을 수 있는 멋진 공간을 만들 줄 안다. 전문지식이 의미 없어진다는 건 이 분야의 경쟁이 더 치열해진다는 의미다.

책을 쓰면서 현장에서 생생하게 경험한 일을 돌아보는 것뿐만 아니라 앞으로 우리나라에 어떤 디자인 인재가 필요한지에 대해서도 자연스레 생각해보게 된다. 강의할 때 항상 강조하는 게 있다. "앞으로 디자이너는 시각적으로 아름다운 공간을 창조하는 일만 하지는 않을 것이다. 그래서 정확한 활용 방안을 제시하는 기획력과 공간에 대한 이야기를 담을 줄 아는 능력이 있어야 한다"라고 이야기한다. 이것은 미래 세대에게만 해당되는 이야기가 아니라 사실 종킴디자인스튜디오에 해당되는 것이기도 하다.

우리의 다음 목표는 분야의 한계를 없애고, 모든 분야의 경계를 없애는 것이다. 나아가 어떤 브랜드하고도, 어떤 사람하고도 잘 어울리는 것이다. 회사의 규모를 확장하는 것보다 협업을 잘하는 것이 그 회사를 오래, 널리 사랑받게 한다. 그래서 크리에이티브 디렉터의 역량을 강화하기 위해 다양한 분야에 끊임없이 관심을 둘 수 있도록 지지를 아끼지 않는다. 두 번째 시즌이 어느새 중반에 이르렀다. 시작하면서 세웠던 목표는 대체로 달성했고, 그 결과는 책을 통해 확인할 수 있다. 회사의 방향성에 대한 고민은 여전히 하고 있다. 우리가 성공했다거나 정답이라고 생각하지도 않는다. 아직 한참 멀었고 부족한 점도 많다. '다음엔 이렇게 발전하겠지?'라는 기대감 정도가 있는 상태다. 마치 어디로 튈지 모르는 탱탱볼 같은 청소년 시기다. 다양한 선택을 하며 시도하고 도전하려고 한다. 이 책을 보는 사람들도 이러한 시도와 도전에 대한 준비를 잘하면 좋겠다. 겁먹지 말고 자신을 믿으며.

2023년 가을, 김종완.

일러두기

외국 인명·지명·브랜드명은 국립국어원 외래어 표기법을 따르되 널리 쓰이는 표기가 있거나 한국에 공식 진출한 브랜드가 자체적으로 사용하는 표기가 있는 경우 그를 따랐습니다.

1부

브랜딩 :: 새로운 숨을 불어넣는 공간

| 의뢰 **동화약품** | 내용 **플래그십 스토어 디자인** | 면적 **187.6제곱미터**

| 장소 **서울특별시 종로구 소격동** | 완공 **2019년 12월**

한국의 궁중 레시피

대한민국 국민이라면 누구나 한 번쯤 이 물을 마셔보지 않았을까? '생명을 살리는 물'이라는 뜻의 활명수는 1897년 당시 궁중 선전관이던 민병호 선생이 궁중에서만 쓰이던 생약의 비방에 신식 의술을 더해 만든 대한민국 최초의 신약이다. 동화약품에서 판매하는 활명수는 우리나라에서 가장 오래된 브랜드이자 일제강점기 때 비밀리에 독립군을 지원해온 의로운 브랜드로, 오랜 역사가 증명하듯 국민 소화제로 자리매김해 일명 '부채표'라는 닉네임을 달고 우리 생활에 여전히 함께하고 있다. 나 역시 소화제가 필요할 때마다 활명수를 가장 먼저 찾는다.

'활명'은 동화약품의 더마톨로지사업부 윤현경 상무님이 만든 프리미엄 뷰티 브랜드다. 의외로 미국에서 가장 먼저 론칭해 현지 뷰티 편집숍인 세포라에서 판매됐고, 미국 뉴욕 패션 위크의 스폰서로도 활동하며 타지에서 먼저 얼굴을 알렸다. 처음 활명의 플래그십 스토어 디자인 제안을 받았을 때 역사가 깊은 국민 브랜드의 새로운 시작을 함께할 수 있다는 점이 설레기도 하고 영광스럽기도 했다. 게다가 활명수가 생명을 살리는 물이라면, 활명은 우리의 피부를 살리는 화장품이 아닌가.

역사와 전통, 신뢰가 있는 브랜드의 새로운 시작이라는 점, 옛것이지만 고루하지 않고, 친근하지만 신선함이 있는 공간이 되어야 한다는 점에 부합하는 부지를 먼저 찾아야 했다. 활명수의 역사를 품고 있는 장소를 리노베이션하는 방안과 강남처럼 외국인들에게 익숙한 장소나 전통이 살아 숨 쉬는 장소 등을 후보에 두고 다방면으로 알아보기로 했다. 동화약품 본사는 상해임시정부의 서울 연락소로 사용된 장소이자 동화약방이 시작된 서울 서소문동에 있었다. 사옥 지하에서 당시 활명수인 '생명을 살리는 물'을 만들던 우물터가 발견되기도 했는데, 우리나라 독립운동에 중요한 역할을 한 점, 마르지 않는 우물처럼 여전히 대중의 사랑을 받고 있다는 점이 굉장히 매력적이었다. 디자이너로서 여러 곳의 후보 장소를 실무진들과 먼저 둘러보며 브랜드의 출발을 함께한다는 점도 좋았지만, 무엇보다 역사적 가치가 있는 브랜드를 재해석한다는 점이 가장 설레었다.

가장 한국적인, 가장 세계적인!

활명의 코어는 '궁중 레시피Royal Recipe'였다. 많은 후보지 중 우리는 궁중의 비기가 모태인 활명과 어울리는 장소로 건춘문建春門을 마주 보고 있는 3층짜리 소형 건물로 최종 결정했다. 건춘문은 경복궁 동쪽에 난 문으로, '봄을 세운다'라는 뜻과 만물의 기운이 움

튼다는 생동의 의미를 지니고 있었다. 이는 활명의 브랜드 메시지와 상통하는 부분이었는데, 건춘문을 둘러싼 주변 풍경까지도 완벽하게 들어맞았다. 아담한 규모의 건물 옆으로는 국립현대미술관이 위치해 있어 예술 및 문화가 과거와 미래를 오가며 공존했고, 이를 향유하려고 수많은 관광객이 한복을 입고 활보하는 활기찬 풍경이 펼쳐졌다. 600년 전 무렵 세자와 그를 보필하기 위해 출입하던 신하들이 거닐던 가장 폐쇄적인 장소가 지금은 가장 세계적인 곳이 되어 다양한 인종과 생김새의 사람들이 거닐며 이곳의 정취를 만들어낸다는 점이 상당히 흥미로웠다. 장소를 정하고 나니 디자인을 어떻게 풀 것인지가 더욱 선명하게 그려졌다.

발견과 약속의 공간

장소를 결정한 뒤 동화약품 윤도준 회장님을 만나 인터뷰하고, 브랜드 관련 책도 읽으며 공부하던 차에 '직관을 명확히 해서 실행한다'라는 메시지가 떠올랐다. 비즈니스를 하다 보면 직관적으로, 직감으로 행동할 수 있는 브랜드는 그리 많지 않다. 활명은 역사성을 바탕으로 한 굉장히 직관력 있는 브랜드다. 그렇기 때문에 활명이라는 이미지를 직관적으로 보여주면서 현대적으로 재해석하는 공간을 만들고자 했다. 클라이언트는 활명 플래그십 스토어가 활명수의 이미지와 연계되는 것이 괜찮을지에 대해 확신을 가지지 못했다. 나는 부지가 갖추고 있는 특성을 살리면서 브랜드의 시그니처인 '부채표' 이미지를 강화하자고 설득했다. 대중과 오래도록 함께한 역사가 있는 브랜드인 만큼 전통을 살리되, 한국적인 아름다움을 재해석하고 미적 측면을 현대적으로 세련되게 풀면 좋겠다고 생각했기 때문이다.

'전통'을 공간 디자인 포인트로 잡는다는 건 자칫 잘못하면 흔한 한식당 분위기나 일본식 스타일로 구현될 수 있기에 의외로 한국 디자이너에게 몹시 까다로운 주제이기도 하다. 한국인의 시선에는 전통미를 살리되 고루하지 않고 현대적으로 풀어낸 느낌을 주어야 하고, 외국인의 눈에는 한국 고유의 전통이 물씬 묻어나면서도 첨단의 이미지를 가지고 있는 한국의 세련된 이미지를 충분히 드러내야 하기 때문이다. 균형을 찾는 게 관건이었다. 디자이너의 입장에서는 건물 디자인을 눈에 띄게 화려하게 구현해보고 싶기도 했다. 서울을 대표하는 사대문 구역, 무채색의 거리에 색색의 한복과 다양한 피부색을 가진 사람들이 자유롭게 활보하고 영감을 나누는 이곳에 120년이 넘은 브랜드가 새로운 주제를 가지고 등장한다는 것 자체가 큰 사건이었다.

우리 팀은 이런저런 고민 끝에 건물 외관의 뼈대와 건물 자체의

담백한 모습까지 그대로 살려 리모델링하기로 했다. 그리고 브랜드 아이덴티티를 눈에 띄게 보여주는 것도 중요하지만, 활명이라는 코스메틱 브랜드의 이미지를 명확하게 각인시키는 것이 급선무라고 생각했다. 브랜드의 기조인 '생명을 살리는 물'이라는 주제에 부합하면서 '활명은 당신의 피부를 위해 서포트한다'라는 메시지가 느껴지도록 디자인 콘셉트를 잡았다. 건물 외벽에 부채표 로고를 양각으로 새겨 브랜드의 친숙함을 강화하고, 브랜드명 또한 영어가 아닌 한글로 '활명'이라고 표기해 가장 한국적인 브랜드라는 점과 한국 최초의 제약사가 만든 화장품 브랜드라는 메시지를 강조했다. 우리는 기획설계 단계에서 두 가지 시안을 제시했다. 이 단계가 프로젝트에서 가장 힘든 과정인데, 그 이유는 클라이언트와 약속한 시간 안에 빠르게 창조하고, 빠르게 수정을 반영한 뒤 작업을 완료해야 하기 때문이다. 활명 프로젝트의 경우는 명확한 방향성과 브랜드의 탄탄한 철학 덕분인지 두 가지 시안이 예정된 시간에 맞춰 도출되어 보고됐다.

　A안의 경우 어두운 톤과 밝은 톤의 콘트라스트contrast를 두는 동시에 1층과 2층 사이에 보이드void*를 두어 답답하지 않게 개방감을

●　아무것도 없이 텅 비어 있는 오픈 스페이스를 뜻한다. 일부러 채우지 않는 것을 선택함으로써 활명의 이미지인 편안함과 휴식의 의미를 전달하면서 제품을 쉽게 체험하거나 천천히 마음에 담도록 연출했다.

주었고, 2층으로 오르는 계단을 둘러싼 벽은 부챗살이 감싸듯 연출해 제품을 느끼며 2층으로 동선을 풀어나가는 시안이었다. 또한 1층의 쇼케이스에는 예전에 발견된 우물을 모티프로 재해석한 활명의 새로운 우물을 제안했다. 결과적으로 B안이 채택되어 현재의 모습으로 구현되었는데, 클라이언트는 A안의 우물을 B안에 반영하여 수정하기를 원했고, 파사드 또한 우리가 제안했던 화려한 파사드 대신 담백하고 정돈된 A안의 파사드로 대체했으면 좋겠다는 의견을 주었다.

건물은 총 3개 층으로 층마다 쓰임새를 구분했는데, 정해진 예산 안에서 계획한 공간을 완벽히 구현해내려면 디자인 수정이 불가피했다. 각 층의 디테일을 조금씩 덜어낼 것인지, 3층의 쓰임을 과감히 줄이고 나머지 층의 디테일을 제대로 살릴 것인지 결정해야 했다. 당초 3층은 활명만의 아트 프로그램과 행사 등을 여는 이벤트 공간으로 활용할 계획이었다. 활명 팀과 논의한 끝에 1층과 2층의 디테일은 완벽히 구현하되, 3층을 단순화하기로 결정했다. 공간이 좁고 낡아서 철거 공사와 함께 구조 보강이 필요했는데 그럼에도 활명수의 역사적 기원을 은유적으로 공간에 녹이고자 했던 처음의 계획은 배제하지 않았다. 활명수의 핵심 오브제라고 한다면, 단연 '우물'이었다. 100년이 넘는 세월을 지나 여전히 '물'로 사람을 편안하게 해주겠다는 그들의 의지가 상당히 감동적이었기 때문이다.

A안 1층

WHAL MYUNG

B안 1층

팀원들과 논의를 거쳐 1층의 가운데에 우물을 연상케 하는 조형물을 만들기로 했다. 우물의 가운데에서는 물이 퐁퐁 솟아오르고, 그 옆으로 제품들이 함께 전시되는 형태로 만들어 생명수로 여겨지던 지하 암반수에 궁중 레시피를 더한 스킨케어 제품이 자연스럽게 연결될 수 있도록 연출했다.

2층으로 올라가는 계단 공간은 부채를 해체주의 형식으로 재해석했다. 올라가는 통로를 감싸는 부분은 부챗살을 세워 새로운 공간으로 향하는 기대와 몰입감이 느껴지도록 했고, 밟고 올라가는 부분인 계단은 곡면 디테일로 마감했다. 어느 각도에서 보더라도 마치 부채가 펼쳐져 있는 것처럼, 부드러운 나선형의 기울어진 곡면이 공간 전반에 흐르고 있어 편안하게 오래도록 머물고 싶은 공간으로 탄생했다. 나선형 계단을 따라 올라가면 계단 면의 형태가 점점 깊어지는데, 이는 제품이 고객의 피부 깊숙한 곳까지 아름다움을 전한다는 메시지를 담고 있다.

2층 라운지에는 건춘문의 사계절을 오롯이 담을 수 있도록 창을 내고 보이드를 만들었다. 쉼의 의미가 있는 공간이기에 활명 스타일의 평상을 배치해 방문객이 편하게 둘러보며 휴식을 취할 수 있게 했고, 소반을 두어 한국 옻칠의 아름다움을 느낄 수 있도록 했다. 공간 곳곳에 전통 한옥에서 쉽게 볼 수 있는 대청마루 패턴을 사용했는데, 건물 내부를 아우르는 곡선과 곳곳에 배치된 간접 조

명이 더해져 공간이 한층 포근하게 느껴졌다. 공간 작업이 막바지에 이르렀을 때 공간에서 가장 많은 시간을 보내는 매니저들의 의상도 전체적인 분위기를 맞추는 데 중요하다는 생각이 들었고, 결국 유니폼 개발까지 하게 됐다.

공간 디자인이 빛을 발하는 순간은 그곳에 진열될 제품과 공간이 적절하게 조화를 이룰 때이다. 우리는 공간에서 모든 제품군을 보여주려고 하지 않고 시그니처 라인 제품을 반복적으로 진열해 공간의 미와 제품이 자연스럽게 어우러져 돋보이도록 했다. 오픈하는 날, 클라이언트가 만족스러워하고 방문객들도 많은 관심을 보여주어 굉장히 뿌듯했다. 이어 홍콩에서 열린 디자인 포 아시아 어워드(DFAA)에서 브론즈상을 받기도 했는데, 아쉽게도 오픈한 지 얼마 안 되어 코로나19 팬데믹이 발생하며 관광객의 방문이 끊기고 말았다. 그 멋스럽던 거리를 오가던 활기찬 사람들의 모습은 볼 수 없게 됐고, 공간만이 텅 빈 거리에 홀로 남았다.

그렇게 활명 플래그십 스토어는 뜻하게 않게 일찍 문을 닫게 됐고, 작업에 참여했던 사람들 모두가 아쉬운 마음을 묵묵히 삼켜야 했다. 브랜드를 론칭했던 윤현경 상무님은 공간이 없어지기 전에 마지막으로 그곳을 둘러보며 영상을 남기셨는데, 그 영상을 받아서 보니 역사 깊은 한 브랜드가 고객을 직접 만나고, 이야기를 나누고, 자신들이 만든 제품을 선보이고, 또 한편으로는 휴식이 되고 싶었다는 마음 쓸쓸이가 느껴져 더욱 안타까웠다. 부지 선정부터 유니폼 디자인까지 맡을 만큼 심혈을 기울인 프로젝트였기에 한동안 아쉬운 마음이 쉬이 사라지지 않았다.

인생에서 제일 빛났던 시절, 뭐든지 흡수할 수 있었던 스펀지 같은 시절을 프랑스에서 보냈다. 낯섦과 불안함이 공존했지만, 그 덕분에 생경한 시각으로, 좀 더 자유로운 감각으로 한국적인 것을 다양하게 풀어낼 수 있었다. 그 감각을 바탕으로 가장 한국적인 브랜드를 종킴디자인스튜디오만의 독창적인 디자인으로 구현해내는 기회를 얻어 선보였지만, 타이밍이 맞지 않아 더 많은 분들에게 보여드리지 못해 아쉽다. 떠올릴 때마다 아직도 설렘으로 미소가 지어지지만, 동시에 쓸쓸함도 남긴 활명과의 작업. 언젠가 다시 한번 만날 수 있기를 고대해본다.

| 의뢰 **바이오프로그래밍** | 내용 **플래그십 스토어 디자인** | 면적 **207.6제곱미터**
| 장소 **서울특별시 강남구 청담동** | 완공 **2019년 12월**

바이오프로그래밍

아름다움을 향한 경계를 넘어서다

♯ 02

어떤 인연은 새로운 인연을 불러온다. 바이오프로그래밍과의 작업 역시 좋은 인연이 맺어준 새로운 인연이었다. 바이오프로그래밍은 헤어 코스메틱 제품과 헤어 기기 등을 판매하는 일본의 톱 브랜드로, 그간 우리와 많은 작업을 해왔던 가구 브랜드 인피니 담당자분의 소개로 만남이 이루어졌다. 당시 독립운동가를 도왔던 한국의 대표 브랜드 '활명'을 작업하고 있던 터라 일본의 톱 뷰티 기기 브랜드 바이오프로그래밍을 한국에 처음 소개하는 공간을 맡는다는 것이, 그것도 활명과 동시에 작업한다는 것이 운명의 장난 같아 기분이 복잡미묘했다. 한편으로는 불편한 마음이 들기도 했지만, 다른 한편으로는 종킴디자인스튜디오가 다양한 방식으로 뻗어나가고 있다는 점에서 뿌듯하기도 했다.

아름다운 머릿결을 위한 미의 방정식

미팅을 위해 당일 일정으로 도쿄로 떠났다. 첫 해외 출장이라 그런지 내심 기대가 컸다. 본사는 상상했던 것보다 훨씬 근사했다. 전문가의 눈으로 보아도 부족함이 없었다. 가구의 스타일링이 매우 감각적이어서 배울 점도 많았다. 하늘색과 민트색이 신비롭게 그러데이션이 된 카펫, 현대적이면서 전통적인 이탈리아 스타일의 가구를 제작하고 있는 하이엔드 브랜드 지오르제띠의 가구와 1966년에 설립된 이래로 컨템포러리 디자인 가구 업계를 선도하는 모던 가구회사인 비앤비 이탈리아 가구의 세팅이 완벽했다. 카운터에서 안내를 담당하는 분의 옷매무새부터 도쿄에서는 상상할 수 없는 스케일의 어마어마한 규모의 회장실과 창밖으로 도쿄 에도성의 장관을 볼 수 있는 부회장실까지 일본 특유의 정갈한 완벽주의를 뽐내고 있었다. 이 프로젝트를 맡는 것이 덜컥 겁이 났다. 전통과 현대적인 미를 동시에 지닌 디자인 성향이 확고한 데다, 완벽함마저 추구하는 것이 느껴져 내가 감당해내기 어려운 거대한 챌린지를 만난 것 같았기 때문이다.

　브랜드의 특성을 파악해야 했기에 그들이 추구하는 방향이 담긴 제품을 이해하는 시간을 가졌다. 그런데 제품 소개 영상마저도 기대 이상이었다. 영상에서는 스타일링을 위해 전기 고데기나 스타일러를 사용하면 머리카락이 손상될 수밖에 없는데 바이오프로그래밍이 개발한 제품으로는 30분 넘게 만 상태로 둬도 머리카락이 타지 않고 오히려 수분감이 채워진다는 내용이었다. 설마 했던 마음은 영상 속 모발 테스트와 신기술에 대한 설명을 보고 믿음으로 변했고, 최첨단 기술에 마음을 빼앗겼다. 이곳에서 판매하는 드라이어 제품엔 바이오프로그래밍으로 처리한 특수 세라믹이 탑재되어 있었는데, 브랜드의 모기업인 '류미에리나'의 창업자가 물리학을 공부한 테크니션 출신이라고 했다. 그들은 자사의 브랜드가 지극히 과학적인 이야기를 다루고 있지만, 한국에 진출할 공간은 기술적인 부분보다 미적으로 체험하고 느낄 수 있는 공간이면 좋겠다고 했다. 미팅을 마치고 나니 이들이 말하는 미의 방정식을 공간으로 풀어보고 싶다는 욕심이 생겼다.

가장 현대적이면서 전통적인 아름다움

플래그십 스토어가 들어올 장소는 청담동 명품 거리였다. 건너편에는 프랭크 게리Frank Gehry●가 설계한 루이비통 메종이, 그 옆으로는 프라다 매장이 들어서 있었다. 그 화려한 거리에서 오롯이 주목받을 수 있는 매장이어야 했다. 고심 끝에 고른 디자인 키워드는 '미스터리' '파장' '눈부심' '안락함'이었다. 과학을 기반으로 하여 클래식한 아름다움을 추구한다는 이야기를 풀기 위해 선택한 키워드였다.

입구부터 시선을 사로잡을 요소가 필요했다. 통유리를 통해 제품이 보이는 쇼케이스를 특별히 제작하고, 제품 뒤쪽 배경은 신비로운

● 　건축계의 노벨상으로 불리는 프리츠커상의 1989년 수상자이자 2000년대 해체주의 건축을 대표하는 거장이다.

푸른빛 파동으로 채웠다. 바닥은 파동의 음파와 전파를 디자인으로 전달하기 위해 옐로 컬러에서 딥블루 컬러로 번지는 거대한 실크 그러데이션 카펫을 사용했다. 차갑지만 아름다운, 눈부신 기술의 심연을 전달하기 위해 벽면 한쪽은 투명 유리 쇼케이스를 만들어 딥블루 컬러의 패브릭으로 채우고, 별빛 조명을 설치해 밤하늘에 반짝이는 느낌을 줬다. 반대쪽 벽면은 크리스털 소재로 그러데이션 작품을 선보이는 윤새롬 작가와 협업했는데, 소재의 투명성 너머 상상의 결과물을 바라보는 개념이 우리가 하려는 이야기와 잘 맞는다고 생각했기 때문이다. 미스터리적인 푸른빛으로 그러데이션이 된 윤 작가의 크리스털 작품을 깨끗한 벽에 배경으로 세우고, 벽면의 굴곡을 따라 시원하게 디자인된 우드 쇼케이스에 제품을 진열했다. 또한 천장은 잔잔한 수면 위에 물 한 방울이 떨어졌을 때 생기는 파동의 모양을 따 시각적 몰입감을 더했는데, 모두 곡면으로 부드럽게 깎아 미래 지향적인 브랜드의 이미지와 클래식한 분위기가 어우러지도록 했다.

특히 원기둥 쇼케이스는 디테일이 정말 많이 들어간 부분으로 애노다이징Anodizing•• 소재를 활용해 만들었고, 겉면에 유리를 덧씌

•• 알루미늄 표면 마감 기술 중 하나로 코팅제를 사용하지 않고 대개 알루미늄을 양극陽極 산화해서 피막을 만든다. 이 소재가 가장 현대적이고 과학적인 소재로 꼽히는 점과 다른 공간에 사용한 클래식한 소재와 명확한 대조가 가능해 채택했다.

워 여러 레이어를 줬다. 투명한 유리 뒤로 보이는 금속 소재를 통해 상상력을 자극하고 과학적인 연구 결과가 뒷받침하는 제품이란 점을 표현하고자 했다.

지오르제띠의 클래식한 아트피스 가구가 뷰 포인트로 조성된 복도를 따라 안쪽으로 들어서면 VIP 라운지가 마련되어 있는데, 이곳은 바이오프로그래밍의 다양한 헤어 제품으로 서비스를 받아볼 수 있는 일종의 헤어 살롱이다. 융합된 아름다움을 더 강렬하게 보여주고자 우드와 메탈이 조화를 이루는 화장대를 디자인해 넣고, 물성의 재미를 느낄 수 있도록 콘크리트 소재와 투명한 유리 소재를 활용해 벽면을 채웠다. 거기에 하얀 대리석을 소재로 한 지오르제띠 가구를 배치해 특유의 클래식한 아름다움이 느껴지도록 연출함으로써 두 마리 토끼를 잡으려고 했다. 브랜드를 더욱 가까이에서 몰입하여 즐기고 싶어 하는 고객이 머물 공간이기에 직접적으로 제품을 판매하는 홀과는 다른 분위기를 전달하고자 다양한 마감재의 하모니로 차별성을 두었다. 특히 페이크 퍼로 이뤄진 라운지체어나 벽면을 따라 흐르는 실크 소재의 패브릭은 안락함과 집중도를 배가했다. 화장실은 웅장하면서도 럭셔리한 느낌을 주기 위해 벽 전체를 대리석으로 채웠는데, 벽면의 곡선을 완벽하게 구현하고자 대리석을 통으로 깎아 오차 없이 배치했다.

작업을 시작할 때 부담감이 꽤 컸다. 한국에 처음으로 소개되는

브랜드 공간인 데다 브랜드가 지닌 가치와 기술력은 물론이고 뷰티 브랜드의 근본이자 지향점인 '아름다움'이 잘 표현되어야 했기 때문이다. 사람들에게 공간을 선보이는 오픈식 날, 어머니를 모시고 같이 파티에 참석했다. 일본에서 오신 회장님과 브랜드의 제품을 디자인한 디자이너가 공간을 보고 만족감을 표했고, 그 모습을 보고 어머니께서도 안도하시는 듯했다. 처음엔 무언가에 압도된 듯 지레 겁을 먹었지만 확신을 갖는 순간 세상에서 유일한, 가장 신비로운 뷰티 기기 공간으로 탄생시켰다. 스스로도 만족도가 높은 프로젝트였다. 바이오프로그래밍 부회장님이 한국을 방문할 때마다 머무는 리빙 공간도 우리가 맡아서 설계했다. 한국으로 출장을 오실 때마다 종종 함께 식사하곤 하는데, 항상 만족한다는 말씀을 하신다. 최근엔 바이오프로그래밍과 일본에 새로이 오픈할 플래그십 스토어에 관한 이야기를 나누고 있다. 다양한 미의 레이어가 가득하고 최첨단 기술과 클래식한 분위기의 균형이 완벽하게 이루어진 프로젝트인 만큼 일본에서도 좋은 반응이 있길 바란다.

| 의뢰 대보세라믹스 | 내용 매장 디자인 | 면적 97.1제곱미터
| 장소 서울특별시 강동구 둔촌동 | 완공 2019년 9월

오래도록 머물고 싶은 공간

설계 의뢰를 받고 미팅을 할 때 자주 받는 질문이 있다. "소장님이 가장 좋아하는 프로젝트 분야는 무엇인가요?" 사실 다양성을 추구하는 나로서는 늘 새로운 프로젝트를 가장 좋아한다. 도전하는 일에 두려움이 없어 일차원적으로 부딪혀보는 걸 즐기기 때문이다. 하지만 나를 더 많이 자극하고 한 단계 끌어올리는 건 한번 맺은 인연이 이어질 때다. 우리 스튜디오에 대한 믿음이 확실해지는 순간, 나는 더 나은 결과물로 클라이언트에게 보답하려는 마음을 우선적으로 갖는다. 대보세라믹스의 박효진 대표님과 했던 두 번째 작업이 그랬다. 그가 가진 철학과 브랜드에 대한 믿음은 나에게도, 우리 스튜디오에도 의뢰인이 아닌 멘토로 큰 교훈과 방향성을 제시해주었다.

공간 디자인을 하면서 가장 중요하게 생각하는 것 중 하나가 '상생'이다. 늘 함께 일하는 업체나 분야의 산업이 저물지 않고 발전하기를 바라는 마음으로 새로운 기술이나 자재가 개발되는 것에 호기심을 가지고 응원하며 지켜본다. 대보세라믹스는 국내 마감재 시장에서 큰 축을 담당하고 있는 브랜드로, 꾸준히 발전하면서 브랜드 이미지 제고를 통해 고객에게 더 가까이 가려고 노력하는 건실한 업체다. 사실 대보세라믹스와 한 작업은 이번이 두 번째다. 첫 번째 만남은 2017년 '리빙앤라이프스타일' 박람회의 전시장 공간을 디자인할 때였는데, 당시 가장 돋보인 부스로 평가받았고, 판매실적도 1위를 달성해 서로에게 좋은 기억으로 남아 있었다.

건축, 인테리어 마감재 전시장의 특성상 일회성이었기에 제품을 쉽게 선보이고 빠른 시간에 고객을 만나도록 해야 했는데, 이번 공간은 전시장의 역할도 하면서 복합문화공간이 될 수 있는, 이른바 '오감: 스페이스'로 확장하길 원했다. 사라지는 공간이 아닌, 고객의 취향과 요구사항을 완벽하게 파악하기 위해 오래도록 소통할 수 있고, 자재의 이해를 돕는 세미나 같은 모임 공간을 만들고 싶었다. 대보세라믹스는 타일을 매개로 고객과 지속 가능한 소통을 하고 싶다고 했다.

예전에 전시장 디자인 작업을 앞두고 충북에 있는 대보세라믹스 공장을 방문한 적이 있는데, 국내에서 가장 큰 타일 공장이라는 이름에 걸맞게 규모는 실로 엄청났고, 흙을 퍼 나르고, 다지고, 굽는 등 하나의 타일이 탄생하고 그것을 고객에 맞게 큐레이션하기까지, 전 과정이 마치 장인의 영역처럼 느껴졌다. 이번 공간은 "타일을 가장 타일답게 만드는 기업"이라는 모토 아래 낯설지만 친근한 소재인 타일을 매개로 삼아 '편안하고 세련된 일상의 영역'을 소개하기로 했다. 대보세라믹스는 고속도로나 관공서 같은 대형 기관과 다양한 개성과 취향을 지닌 일반 고객까지 모두 아우르는데, 국내 생산이라는 장점을 앞세워 대량의 타일을 빠르게 수급하고 함께 패턴을 개발하는 등 차별화된 서비스까지 제공하고 있었다.

우선 대보세라믹스가 목표로 삼는 고객과의 지속 가능한 소통의 장을 제대로 열어주고 싶었다. 고객과 마주 보고 앉아서 이야기를 나눌 공간이 필요했다. 기업체와의 회의부터 다양한 개성과 취향을 지닌 일반 고객과의 소통까지, 의뢰인의 감정을 파악하고 그에 맞는 제품 큐레이션이 원활하게 이루어질 수 있는 공간을 만들고 싶었다. 기존 매장과 어떻게 다른 모습을 보여줄 것인가? 자칫 식상하게 보일 수 있는 마감재를 어떻게 새롭게 보여주면서 공간과 고객간의 조화를 이룰 것인가, 고민하던 차에 뇌리에 깊게 남았던 공장의 한 풍경이 떠올랐다.

성장을 위한 무모한 도전

산처럼 쌓인 옅은 적갈색의 비스킷BISCUIT*이 다음 과정을 기다리고 있는 풍경. 마감되지 않은 날것의 뉴트럴 톤(무채색, 회색, 무지색)의 타일 이미지가 머릿속에 계속 맴돌았다. 순수하면서도 힘이 느껴지는 묵직함 그리고 견고한 내성이 주는 안정감은 대보의 브랜드

---

* 흙 반죽을 틀에 맞춰 처음 구워낸 타일을 말한다.

이미지와 닮았다는 생각이 들었다. 생각은 논의로, 논의는 결정으로 이어졌고, 나는 이에 대해 확신을 가지고 실행으로 옮겼다. 1층의 매장 가운데 컨설팅 테이블을 놓기로 하고, 테이블의 옆면으로는 비스킷을 쌓아 올려 '기본'이 주는 힘을 비롯해 신뢰와 정직이 깃든 제조 과정을 함축하여 보여주고자 했다. 켜켜이 쌓은 비스킷 위에 올린 테이블 상판은 고객과 상담할 때 타일 샘플이 돋보이도록 인조 대리석**을 사용해 공간의 전체적인 무게와 체계를 잡았다.

　테이블 뒷벽에는 다양한 타일의 종류를 전시해 개발부터 제작까지 한눈에 볼 수 있도록 했으며, 고객이 다채로운 타일의 세계로 발을 들일 수 있도록 배치했다. 홀 뒤편으로 들어가면 다용도 공간이 나오는데, 그곳은 소통의 공간이었다. 대형 화면을 활용해 타일과 관련된 다양한 분야의 사람들이 마음껏 아이디어를 내고, 새로운 일을 도모해볼 수 있도록 했으며, 아울러 널찍한 컨설팅 테이블을 두어 회사가 기획 중인 공간에 들어가는 다른 마감재들과 잘 조화되는지를 직접 대조하며 논의할 수 있게 했다. 즐겁게 소통하고, 아이디어를 나누는 자유로운 분위기의 공간에 넓은 무대 같은 테이블을 놓아 대보세라믹스의 제품들이 자연스럽게 주인공이 되도

** 천연석 특유의 오염이나 스크래치 등의 단점을 보완하고, 내구성과 디자인을 자유롭게 구현할 수 있는 장점이 있다.

록 했다. 작은 규모의 공간이지만 비스킷이 있는 전시공간과 세미나 공간까지 구성을 마쳤다.

뿌듯한 마음으로 그렇게 순조롭게 마침표를 찍으려던 때 예상치 못한 일이 벌어졌다. 오픈 전날 밤, 다급하게 전화벨이 울렸다. 시공사 현장 소장님이었다. "비스킷 테이블 유리에 습기가 가득해요." 매장에 가보니 정말 유리 쇼케이스 내부에 습기가 가득 차 뿌옇게 되어 있었다. 비스킷 겉면에 쇼케이스처럼 유리를 둘렀는데, 유약을 바르지 않은 비스킷이 공장에서 운송되는 도중에 공기 중의 습기를 가득 머금고 있다 유리 때문에 공기가 차단당하자 날아가지 못하고 그대로 안에 갇히게 된 것이다. 당장 내일이 오픈 날이었지만, 해결하지 못할 일은 아니었기에 당황하지 않았다. 비스킷이라는 자재의 장단점을 파악하고 있었고, 나도 클라이언트도 미리 인지하고 있던 자재의 약점이었기에 크게 걱정하지 않았다. 무엇보다도 대보세라믹스와 프로젝트를 시작할 때부터 마감재가 아닌 비스킷이라는 미완성 소재에 대한 면밀한 검토가 있었고, 그럼에도 디자인적 도박(!)을 해보자는 협의가 있었기에 유연하게 대처할 수 있었다. 논의 끝에 유리로 마감된 쇼케이스에 환풍 팬을 설치하기로 했고, 팬으로 바람을 순환시키자 거짓말처럼 습기가 잡혔다. 다행히 예정대로 무사히 오픈할 수 있었고, 이후에도 유리 쇼케이스를 닦는 과정이 서너 번 있긴 했지만, 오히려 이 작업 이후로 마감재 사용에 대해 더욱 자신감을 가지게 됐다.

　아무리 완벽한 소재라도 환경이나 현장 상황에 따라 문제가 생기기도 한다. 관건은 소재에 대해 얼마나 잘 파악하고 있는가, 리스크를 어떻게 대비할 것인가, 리스크에 대한 클라이언트의 이해는 충분한가다. 이번 작업의 경우 클라이언트도 나도 마감재로 처음 사용하는 비스킷의 물성에 대해 잘 알고 있었고, 리스크 또한 예측과 수습이 가능한 범위였기에 선택한 것이었다. 서로에 대한 믿음이 있었기에 가능한 부분이기도 했다. 문제가 생기면 해결하면 된다. 우리가 경계하는 건 문제가 생길 것이 두려워 아예 시도하지도 않고 디자인에 한계를 두는 행위다. 기성품은 안전하지만 한정적인 디자인이 나올 수밖에 없다. 어떤 분야든 서로 다른 것이 섞여 새로운 것이 창조될 때 유일한 가치를 가진다. 때론 한정된 시간과 실질적으로 사용될 공간에서의 사용자 편의성을 생각하다 보면 나도 모르게 타협할 때가 있다. 그럴 때마다 대보세라믹스의 프로젝트를 떠올리며 어딘가에는 돌파구가 있다는 믿음을 가지고 새로운 디자인에 도전한다.

　입구의 유리문을 열고 들어가면 대보의 시그니처 향이 고객을 포근히 감싼다. 고객은 바 형태의 카운터로 가서 차를 음미하며 상담을 받을 수 있다. 차갑고 딱딱한 상담 공간이 아닌 부드러움과 편안함이 느껴지는 공간에서 자유롭게 자신의 취향과 원하는 바를

스스럼없이 전할 수 있다. '고객과의 지속 가능한 소통'이 이루어지는 공간이다. 친근하지만 낯선 타일의 공간은 그렇게 우리의 일상으로 들어온다. 독보적인 타일 제조업체로서의 강점도 부각하면서 고객과 소통하는 공간으로 한 걸음 더 확장해나간 대보세라믹스의 의지에 응원과 박수를 보낸다.

| 의뢰 **코오롱 FnC**
| 내용 **플래그십 스토어 디자인** | 면적 **328.3제곱미터** | 장소 **서울특별시 은평구 신사동** | 완공 **2021년 11월**
| 내용 **SI 디자인** | 면적 **56.6제곱미터** | 장소 **영등포구 여의도동 더현대 서울** | 완공 **2021년 2월**

일을 시작한 뒤로 골프 관련 공간 디자인 의뢰를 종종 받았다. 초반에는 이런저런 이유로 고사했으나, 지포어로부터 의뢰를 받았을 때는 한번 도전해봐도 좋겠단 마음이 들었다. 지포어를 수입하는 코오롱의 골프 사업부 담당자들과 킥오프 미팅Kickoff meeting●을 했는데, 골프웨어 브랜드 작업이다 보니 인사 후 첫 질문이 "골프 치세요?"였다. 골프를 치지 않는 나는 질문을 듣자마자 솔직하게 대답했다. 클라이언트 입장에서는 아무래도 골프를 치는 사람과 대화하는 것이 편했으리라. 그도 그럴 것이, 골프를 잘 알고 즐기는 사람들을 모으는 공간이니 디자이너도 평소 골프를 즐기는 사람이 적합하다고 여겼을 것이다. 하지만 내 생각은 좀 달랐다. 어떤 분야든 직접 경험해보지 않았더라도, 얼마만큼 집중해서 빨리 흡수하고 이해하는 능력을 가졌는가가 성패를 좌우했다. 클라이언트의 우려는 이해가 됐지만, 그 우려가 기우였음을 꼭 증명할 기회가 있으면 좋겠다는 생각이 들었다. 미팅하는 자리에서 누구보다 잘할 자신이 있다고 클라이언트를 설득했고, 공간에 대한 새로운 해석을 제시하며 우리 스튜디오의 역량에 대한 신뢰를 심어주었다. 일주일 뒤쯤 지포어에서 같이 일해보자는 연락이 왔다. (여담이지만 지포어 매장을

● 클라이언트와 처음 하는 미팅으로 프로젝트에 필요한 뼈대를 세우고, 클라이언트가 원하는 바를 파악할 수 있는 중요한 자리다.

여러 군데 디자인했음에도 여전히 골프를 칠 계획은 없다. 골프는 천천히 시간을 두고 향유하는 스포츠인데 아직 그럴 만한 시간 여유도 없거니와 지금 내겐 다른 방식의 체력 단련이 필요하기 때문이다. 말하자면 달리기나 오래 걷기 같은 운동이랄까.)

아름답게 승리하는 법

지포어는 세계적인 디자이너 마시모 지아눌리가 2011년 LA에서 론칭해 글로벌 브랜드로 성장했고, 한국 시장에 진출하기 위해 론칭 준비를 하고 있었다. 한국에 처음 얼굴을 알리는 데다, 그간 오프라인에서 리테일 매장 없이 운영하다 세계 최초로 한국에 첫 매장을 선보이는 것이었기 때문에 지포어도 나도 완벽한 준비가 필요했다. 지포어는 강렬한 원색을 제품에 과감하게 사용하고 캠페인 이미지나 홈페이지 디자인도 팝한 감성의 젊고 고급스러운 분위기가 돋보이는 브랜드다. '골프의 전통성을 존중하지만 파괴적인 럭셔리Disruptive Luxury를 지향한다'를 브랜드의 기조로 삼고 클래식하면서도 파격적인 브랜드 마케팅을 하고 있다. 우리는 '볼드Bold' '컬러풀Colorful' '유니크Unique'를 키워드로 잡고 최대한 이 키워드를 잘 살릴 수 있는 방향을 고민했다.

공간 디자인의 시작은 여의도에 소재한 '현대백화점 더현대 서울' 내 공간이었다. 이곳의 SI 디자인 작업을 맡아 백화점 SI 가이드●를 끝낸 뒤 플래그십 스토어를 제작하는 일까지 진행하는 일정이었다. 더현대 서울은 현대백화점에서 사활을 걸고 시작한 프로젝트였고, 그 때문에 새로운 시도가 더욱 필요했다. 내로라하는 브랜드들의 각축전이 예상되는 가운데 다른 브랜드보다 좀 더 재미있게 브랜드 이야기를 풀고 싶었다. 백화점에 입점한 브랜드들은 대부분 공간을 오픈하여 고객이 매장을 쉽게 이용할 수 있게 하지만, 나는 고객이 지포어라는 특정 브랜드를 보고 들어오게끔 미끼를 던지고 일단 매장 안에 들어온 고객은 그곳에 매료되어 쉽게 빠져나가기 어려운 공간을 만들어야 한다고 생각했다. 이런 아이디어를 바탕으로 하여 손님을 '새'에 빗대어 '안으로 유도해 붙잡는다'는 개념을 설정하고 공간 디자인 작업을 이어갔다.

골프 용어 중에 버디, 이글 같은 말이 있다. 용어 때문에 자연스럽게 새가 연상됐고, 클라이언트에게 보고할 프로젝트 프레젠테이션에 노란색 카나리아를 포인트로 넣었다. 카나리아는 환경에 매우

● Store Identity로 브랜드의 철학과 정체성을 바탕으로 입점하는 공간의 모든 상황을 고려해 디자인하고, 공간별 디자인 가이드 라인을 제시하는 업무다. 이를 통해 소비자에게 브랜딩 어필까지 꾀하는 전략 방식이다.

민감하고 지진이 나면 동굴에서 제일 먼저 튀어나오는 민첩한 새다. 클래식함을 바탕으로 모던 럭셔리와 독보적인 트렌디함을 지향하는 지포어의 브랜드 철학과도 잘 어울리는 것 같아 카나리아를 넣었는데, 우연히도 지포어의 슈박스 또한 카나리아처럼 샛노란 컬러여서 맥락이 맞아떨어졌다. 이를 모티프로 고객에게 어떻게 미끼를 줄지, 어떻게 사냥을 하고 어떻게 기다리고 또 나가면서는 뭘 보게 할지 등 백화점 내 작은 공간이지만 시나리오를 알차게 짰다. 백화점 매장이라는 보편적인 리테일 공간에 고객을 오래 머물게 하는 것이 목적이기 때문이다. 시작할 때의 걱정과 달리 SI 디자인 프레젠테이션이 코오롱 내부에서 승인되고 난 뒤 미국 본사로 메일을 보냈다. 그 후 하루 이틀 동안 몹시 마음을 졸였는데 브랜드 창시자이기도 한 CEO가 프레젠테이션에 있던 텍스트를 몇 개 수정한 것 외에는 손색이 없다며 너무 고맙고 아름답다는 답변을 주어 무척 뿌듯했다.

> **덫을 놓다**Trap – **미끼를 주다**Bait – **기다리다**Wait – **낚아채다**Snatch

이런 과정을 고객이 경험할 수 있도록 공간을 구성하는 시나리오를 짰다. 골프라는 종목 자체가 클래식한 스포츠에 속하기에 우리는 유럽에서 볼 수 있는 전통적인 건축 장식인 프랑스 몰딩을 가

장 현대적으로 표현할 수 있는 투명한 아크릴로 제작해 벽을 만들었다. 그렇게 클래식하지만 현대적인 감각을 부여했고 매장에 들어왔을 때 제품의 강렬한 컬러를 미끼로 삼아서 사람들을 들어오게 하고자 했다. 백화점 매장의 입구는 오픈된 구역이지만 일부를 투명한 벽으로 만들어 제한을 둠으로써 들어오고 싶은 호기심을 유발하고 동시에 쉽게 빠져나가지 못하는 구조를 만들었다.

데드 스페이스를 활용한 방안이긴 하나 그 구역도 사실 매장으로 다 쓸 수 있는 공간이기에 브랜드 입장에서는 아까울 수도 있는데 우리를 믿고 그 공간을 과감하게 포기해주었기에 이 구조를 구현해낼 수 있었다. 또 하나 중요하게 생각한 디테일은 지포어의 골프화는 외형은 클래식한데 바닥의 밑창이 굉장히 편한 인체공학적 구조로 되어 있고, 컬러가 화려하다는 점이었다. 이런 매력을 눈에 확 띄게 보여주고 싶은데 고객이 신발을 일일이 다 뒤집어 볼 수도 없는 노릇이었다. 그래서 신발을 진열한 공간 바닥을 유리 거울로 만들어 가만히 서서도 고객의 시선에서 이 밑창들이 다 보일 수 있게끔 설계했다.

매장의 조명도는 전체적으로 간접 조명을 최대한 많이 써서 정돈된 느낌을 냈다. 정돈됨 속에서 묻어나는 장난기라고 할까? 지포어의 키 비주얼 자체가 워낙 훌륭해 충분히 가능했다. 한편 골프는 필드에 나가거나 스크린 연습장을 갈 경우, 새벽부터 환한 대낮,

밤 시간 등 다양한 환경에 노출된다. 따라서 내 옷이 다양한 환경에서 어떤 색감으로 발색되는지 잘 볼 수 있게 탈의실 조명의 조명도를 조절할 수 있는 시스템을 적용했다. 첫 번째 매장 작업을 마무리하고 오픈하자마자 바로 "매출 1위" "단독 선두" 타이틀을 단 기사가 쏟아졌다. 지포어를 담당한 골프 사업부 팀이 유능하여 브랜드가 잘된 것임에도 기사가 나올 때마다 공간 디자인을 담당한 종킴디자인스튜디오가 언급되어 참 고마웠다.

더현대 서울에 이어 2호 매장인 현대백화점 무역센터점 매장도 작업했는데, 어느 날 신사동 도산공원 인근에 플래그십 스토어 작업까지 가능하겠냐는 연락이 왔다. 당시 진행 중이던 프로젝트가 많아 시간 여력이 안 되기도 했지만, 거기에 더해 빨리 진행되어야 하는 프로젝트여서 사실상 하지 못하는 게 맞았다. 그러나 지포어의 SI 가이드를 다 잡아놓은 상태에서 어떻게 보면 매장의 정점인 플래그십 스토어를 다른 곳에 넘기기엔 아쉬움이 너무 컸다. 밤잠을 줄이고 없는 시간을 쪼개 그렇게 피, 땀, 눈물의 프로젝트를 시작했다.

영 앤드 리치를 위한 플렉스 공간

지포어 플래그십 스토어가 들어설 거리는 인근에 메종 에르메스, 설화수 스파 등 다양한 고급 브랜드 매장이 즐비하고 패션 피플로 항상 붐비는 장소다. 분주한 낮과 달리 밤이 되면 도산공원 일대엔 고요한 적막이 내려앉는다. 우리는 그런 도산공원의 밤 분위기에 반전을 주고 싶었다. 프레젠테이션 시나리오에서 생각한 덫을 메탈라스 소재를 활용해 금색 망을 만들어 공중에 매달고 노란색 유리로 덧대 더블 레이어를 줬다. 이렇게 하면 밖에서 볼 때 금색 망의 쇼케이스가 공중에 떠 있고, 그 덫에 고객들이 원하는 미끼가 노골적으로 보이게 된다. 1층은 여성 매장, 2층은 남성 매장으로 구성했는데 딜레마가 하나 생겼다. 요즘 힙한 브랜딩의 정점이라고 여겨지는 젠틀 몬스터나 탬버린즈 같은 곳에서 인터렉티브한 공간을 만들려고 다양한 시도를 하던 때라 우리도 그런 방식에 도전해보고도 싶었다. 그러나 곰곰이 생각했을 때 지포어와 어울리는 방향이라고 보기엔 무리가 있었고, 제품도 고가이기 때문에 젊고 힙하게 풀되, 지포어만의 아이덴티티가 녹아 있는 클래식한 힙을 찾기로 했다.

SI 가이드를 바탕으로 하여 좀 더 화려함을 더해 소위 '영 앤드 리치'의 흥미를 끌 수 있는 공간을 만들고자 했다. 제품 자체의 컬러가 굉장히 다양하고 예쁘다 보니 검은색을 베이스로 한 제품의 팝한 컬러가 돋보이게 했다. 기능성 옷이지만 필드 위에서 실용적이면서도 예쁜 제품이기 때문에 공간 디자인에도 이렇게 디자인한 이유가 있게끔 하려고 애썼다. 메인 공간인 VIP 공간이 아주 특별했다. 골프를 시청할 수 있고 간단한 음료를 마실 수 있는 바와 VIP 전용 피팅 룸을 따로 마련했다. 피팅 룸에서는 손님들이 혼자서 판단하지 않고 매니저와 함께 핏감을 보고 소셜 라이프를 즐기면서 구매할 수 있게끔 설계했다.

내가 가장 좋아하는 부분은 2층 매장의 통유리창 밖으로 보이는 도산공원 풍경인데, 공간이 붕 떠 있는 것처럼 만들기 위해 프레임을 넣고 낮은 천장 높이를 보완하고자 거울 소재를 사용해 밖에서 봤을 때도 압도감이 느껴지도록 했다. 또한 골프와는 상관없이 '플렉스'에 관한 위트 있는 요소를 군데군데 쉼표처럼 넣고 싶었다. 2층으로 올라가는 계단에 들어서면 복도에 매달린 노란색 통가죽 복싱 샌드백이 눈길을 사로잡는다. 진열장 사이로 이탈리아에서 직접 들여온 클래식 핀볼 게임판을 무심히 놓아두고 골프를 즐기는 이들에게 새로운 흥밋거리를 던져주었다. 위험 요소 때문에 철거하긴 했지만, 미국 특유의 쿨함과 필드에서 승기를 쥐었다는 느낌을 보여주기 위해 건물 외벽에 상당히 큰 사이즈의 깃발도 달았다. 작업을 한 뒤 흥미로웠던 점은 많은 사람들이 "그냥 완전 미국 스타일 매장 같은데?"라고 이야기하는 부분이었다. 이전까지 내가 많이

하던 스타일, 소위 종킴디자인스튜디오식 프렌치 스타일에서 탈피하여 디자인적으로 과감하게 새로운 시도를 했고 또 성공시킨 결과물이란 느낌이 들었다.

청량하고 신비로운 젊음

우리 스튜디오에 신선한 경험을 안겨준 지포어에서 어느 날 초대장이 날아왔다. 그랜드하얏트 호텔에서 지포어 행사가 열린다는 내용이었는데, 으레 있는 신규 제품 론칭 행사라 생각하여 지포어 담당 팀원들과 함께 가벼운 마음으로 참석하기로 했다. 드레스 코드인 옐로와 블랙 컬러 의상으로 맞춰 입고 소풍 가듯 가보니 예상치 못한 환대가 있었다. 지포어가 대한민국 골프웨어 부문에서 매출 1위로 우뚝 서고, 독보적인 브랜드가 된 것을 축하하는 자리이자 그 여정을 함께한 사람들에게 감사를 표하는 자리였던 것이다. 우리뿐만 아니라 코오롱FNC의 전무님, 상무님, 각 매장 점장님, 매니저, 홍보 기획사 관계자 등이 한자리에 모였다. 그 광경을 보는 순간 진심으로 감동하고 말았다. 브랜드가 잘됐다고 그처럼 엄청난 환대와 감사 인사를 받아본 적이 있었나 싶었다. 인테리어 업을 하는 사람들이 자주 하는 말 중에 "잘되면 사장 덕, 안되면 인테리어

탓"이라는 말도 있듯이 그날의 일은 흔치 않은 경험이었다.

　나 역시도 그랬던 적이 있었던 터라 우리가 작업한 공간이 흥하더라도 먼발치에서 조용히 흐뭇해하거나 대리만족을 하는 것에 그쳤는데 그런 환대를 막상 받으니 감개무량하기까지 했다. 코오롱이라는 클라이언트와 정말 식구가 된 기분이 들었다. 함께한 시간 동안 클라이언트지만 그들과의 미팅은 늘 수월했고, 필요 없는 격식을 차리지 않아도 됐다. 그들은 스스럼없이 우리 스튜디오에 고민을 상담하고, 우리의 제안에서 컬렉션에 대한 영감을 얻었다고 이야기하곤 했다.

　지포어는 '3040 세대의 럭셔리 골프웨어' '파괴적인 럭셔리'라는 슬로건에 걸맞은 인기를 누렸다. 그러다 보니 브랜드의 다음 와우 포인트가 필요했다. 하얏트에서 자축 행사를 한 시점은 지포어가 지금보다 더 잘할 수 있다는 걸 보여주고, 신규 고객 확보를 위해 부양책이 필요한 타이밍이었다. 이전과는 다른 더 젊은 층을 대상으로 한 가이드를 하나 더 가져가자는 아이디어가 나왔고, 우리는 그 프로젝트에 다시 참여하게 됐다.

　지포어는 LA에서 건너온 브랜드다. 밝고 경쾌한 컬러가 돋보이는 제품에서 느껴지듯 태생부터 활기가 넘치는 젊은 브랜드였다. 새로이 선보일 다음 매장엔 마이애미 해변의 청량감과 골든 비치를 상징하는 노란빛 모래가 어우러진 풍경을 담고 싶었다. 하늘색을 키 컬러로 잡고 적당한 컬러를 찾기로 했다. 우리가 선택한 컬러는 하늘색도 보라색도 아닌, 피존 블루에 가까운 컬러였다. 다만 완전한 피존 블루 컬러로 채우면 자칫 답답하고 느끼하게 느껴질 수도 있어서 컬러 테스트에 심혈을 기울였다. 색 조합은 자칫 잘못하면 유치해지기 십상이므로 하고 싶은 이야기가 많을수록, 고민이 많을수록 컬러 사용은 신중해야 한다.

지포어의 심벌은 큰 벽에 시트지를 사용하지 않고 벽화와 같은 방식으로 배경을 칠한 뒤 시원하게 그려 넣었는데, 비스듬히 반쯤 잘린 모양으로 디자인해 경쾌한 분위기를 연출했다. 피팅 룸은 핑크색으로 칠해 신선함을 불어넣었고, 아울러 기존의 파괴적인 럭셔리 이미지에 지포어만의 위트를 더하려고 세차장의 롤링 브러시를 천장에 매달았다.

공간에 사람들이 혹할 만한 후킹 아이템을 툭툭 던지는 이러한 방식을 개인적으로 선호하지 않았지만, 지포어의 광고 이미지와 영상을 담당하고 있는 아일랜드 출신의 토니 켈리의 작품처럼 이 프로젝트에서는 마음 편하게 시도해보고 싶었다. 벽면에는 현금을 주고받는 일차원적인 이미지를 채워 경쾌한 분위기를 냈고, 제품을 전시하는 진열장은 철망을 사용해 스트리트 매장의 캐주얼함과 고루하지 않은 효과를 더했다. 매장 곳곳에 놓인 하늘색 벤치에 노란

색 벨트를 감아두는 등 노란색과 하늘색, 흰색을 적절히 섞은 재미 있는 색 조합을 보여주고자 했다. 현장에서 벽면에 광을 주다 보면 색이 깔끔하게 나오지 않고 약간 얼룩덜룩할 수밖에 없는데, 이를 이용해 하늘에서 빛이 신비롭게 퍼지는 느낌을 내려고 조금 더 광 이 있는 소재를 많이 썼다.

김포 현대 프리미엄 아울렛에서 일차적으로 시도한 이 가이드 는 매장을 오픈한 후 반응이 남달랐는데, 지포어에서 의외의 시도 를 했다고 다들 입을 모으며 놀랐다는 반응이 많았다. 우리 역시 결 과물에 만족했기에 이런 반응이 반가웠다. 이로써 지포어는 블랙과 옐로를 키 컬러로 잡은 럭셔리 라인과 좀 더 젊고 경쾌한 라인 두 방향으로 가이드를 가진 회사가 됐다. 이후 지포어는 차별화한 가 이드 라인으로 고객층을 분류하고, 한층 더 세심하게 접근하여 전 략적으로 움직일 예정이라고 한다.

우리가 현장에 감리를 갈 때면 지포어 담당자분들이 늘 나와 계 셨는데, 특히 코오롱FNC 골프사업부 문희숙 상무님과 이주연 차장 님은 브랜드 담당자이면서도 설계사와 우리 스튜디오의 의견을 항 상 적극적으로 반영해주셨다. 또한 작업이 성공적으로 구현되도록 중간에서 융통성 있게 소통을 돕는 것은 물론이고 마지막 점검과 기물 선정까지 함께하는 열정을 보이셨다. 그리고 지포어 측으로부 터 골프복 선물도 받았는데, 비록 골프장에선 입지 않지만 일상복으로 잘 입고 있다.

지포어는 한국 시장 첫 진출부터 다양한 기록을 세웠다. 골프웨어 부문에서 매출 1위를 달성했고, 2022년엔 업계 언론 선정 올해의 브랜드로 선정되기도 했다. 여러모로 시험대에 오른 작업이었지만 결과적으로 코오롱FNC의 흑자 브랜드를 함께 만들었다는 점이 가장 뿌듯했다. 항상 이야기하지만 브랜드가 잘되면 그 공간 디자인은 성공한 거니까. 종킴디자인스튜디오의 작업물이 항상 비슷하다고 하는 사람들이 있는데 지포어 매장을 보면 생각이 조금 달라질 것이다. 누군가의 시그니처가 그 사람의 아이덴티티라고 함부로 규정지을 수 없음을 다시금 깨닫게 된다. 시작도 결과도 색달랐던 지포어 프로젝트. 지포어의 더욱더 다채로운 미래를 응원하며, 종킴디자인스튜디오의 다음 시도도 어떤 색을 낼지 기대해주길 바란다.

| 의뢰 **한세엠케이** | 내용 **플래그십 스토어 디자인** | 면적 **337.2제곱미터**
| 장소 **서울특별시 강남구 논현동** | 완공 **2021년 10월**

PGA투어 &
LPGA 골프웨어

A Hidden Figures for Victory

함께 나아가 승리하는 기쁨

05

LPGA 골프웨어는 전 세계 프로골퍼들이 서고자 하는 최고의 무대인 LPGA(여자프로골프협회)와 최정상의 골프 브랜드인 국내 패션 회사 한세엠케이가 라이선스 계약을 맺고 론칭한 브랜드다. 세계 최초로 대한민국에서 LPGA 협회 공인 골프웨어를 판매하는데 LPGA 무대에서 한국 선수들의 눈부신 활약 덕분에 골프웨어 브랜드로서의 입지도 날로 높아지고 있다. PGA 투어 골프웨어 역시 미국 프로골프투어 주관 단체인 PGA 투어와 2019년에 단독 라이선스 계약을 체결한 후 선보이고 있다. 전 세계 프로골퍼들이 필드 위에서 최상의 컨디션을 유지할 수 있도록 도와주는 전문가적 이미지가 강한 브랜드다. 클라이언트는 기존 한세엠케이 본사 1층에 있던 오피스 공간을 리테일 공간으로 변경하고 싶어 했다. 항상 그렇듯 새로운 분야에 도전하는 것을 늘 우선순위로 두는 나는 지포어의 한국 론칭을 위한 SI 작업을 하던 도중에 그간 고사하던 여러 골프 브랜드의 설계 요청을 검토하다 단독매장이라는 매력적인 이 프로젝트를 접하고 작업을 하기로 결정했다. 우연히 도산 지포어 작업도 그 무렵에 하게 되어 양쪽 클라이언트에게 양해를 구한 뒤 두 브랜드를 명확하게 구분지어 작업해야 한다는 중압감을 느끼며 설계를 동시에 시작했다.

무겁지 않아도 괜찮아

미팅 전 '프로들이 선택한 골프웨어'라는 브랜드 캐치프레이즈 때문에 패셔너블하기보단 실용성에 초점을 맞춘 옷일 거라는 막연한 생각이 들었다. 그러나 작업을 하면서 실제로 보고 느낀 옷들은 기능성과 실용성을 바탕으로 우아하고 심미적인 디테일이 들어가 있었다. 이렇게 옷 디자인의 진화에 따라 매장에도 변화가 필요했다. 매장들은 여전히 블랙과 화이트 컬러의 선명한 대비로 투박하게 이뤄져, 예스러운 이미지를 풍겼다. 물론 예스러운 것이 꼭 버려야 할 요소는 아니다. 다만 이를 어떻게 세련되고 눈에 띄게 풀어내는지가 힘 있는 공간의 생사를 좌우한다. 브랜드는 해당 골프 대회의 심벌을 브랜드 심벌로 사용하고 있었다. 우리는 협회가 주는 권위와 클래식함, 전문가적인 이미지를 기존대로 유지하되, 기존의 메인 컬러인 블랙과 화이트 컬러나 그린의 잔디 같은 요소를 활용해 더 매력적으로 만들어보자는 발상을 했다. 프로들이 선택한 골프웨어라는 타이틀에 젊고 스타일리시한 감각까지 갖춘 골프웨어라는 이미지를 더하고 싶었다. 우리는 '승리를 위해 숨겨진 형상'에 대해 고민했다. 궁극적인 목표는 승리를 위한 옷이라는 키 메시지를 가지고 가장 일차적으로 그 전문성을 더 강조하기로 하였다. 그렇게 탄생한 테마가 '도심 속 최고의 스타트하우스The Great Start House in the City'다. 스타트하우스는 골프를 칠 때 모이는 첫 번째 장소다. PGA 투어 & LPGA 골프웨어의 쇼룸을 도심 속에 위치한 스타트하우스로 표현하고 싶었다. 필드에 나가기 전에 이곳에서 옷부터 라이프스타일 제품까지 승리를 위한 만반의 준비를 하고 골프장에 나가기를 바라는 마음으로 시나리오를 구상했다. 이런 시나리오가 완성되자 공간의 흐름이 물 흐르듯 그려졌다. 마침 우리가 만들어가는 공간은 논현동 언덕에 위치하고 있어, 스타트하우스라는 시나리오를 풀어가는 데 완벽한 지역이라는 생각이 들었다. 이른 아침 어스름을 깨고 필드에 나서는 감정을 담은 입구, 파빌리온 형태를 갖춘 스타트하우스를 지나 승리를 위한 옷과 골프화를 고르고 직접 입어보며 다른 사람들과 네트워킹을 이어갈 수 있는 소셜 라이프 공간, 골프 퍼팅과 스윙 연습을 해보며 체험할 수 있는 라운지, 이후 이곳의 제품을 구매해 필드로 나가서 승리한다는 스토리가 나왔다. 그래서 이번 플래그십 스토어는 스토어라는 타이틀보다 나의 승리를 준비하는 공간을 강조하려고 내부에 커피와 음료수를 직접 선택하여 마실 수 있는 셀프 워터스테이션을 두었다. (이른 아침 배달되는 신문들과 함께.)

트로피처럼 반짝이는 승리의 기쁨

나를 비롯해 이번 설계에 참여한 우리 팀원 모두가 골프를 취미로 하는 사람은 아니었지만 어스름이 깔린 이른 아침 필드에 들어서는 그 순간의 설렘이 어떤 것인지 어렴풋이 알 것 같았다. 고요한 몸을 깨워 자연 속에서 승리를 쟁취하는 기쁨 같은 것이 아닐까. 쇼룸의 입구에도 그 설렘을 감지할 수 있도록 어슴푸레한 베일 레이어를 겹겹이 주고 복도 벽면을 따라 LPGA 경기 영상을 틀고 실제 PGA와 LPGA에서 우리나라 프로골퍼들이 승리할 때 착용한 옷들을 사인과 함께 전시했다. PGA 투어 & LPGA 골프웨어의 전문성을 느끼고, 그들이 승리할 때 만끽한 설렘의 순간을 고객이 주인공이 되어 느껴볼 수 있는 명예의 공간이다. 이처럼 입장하는 순간부터 아름다운 장면을 보며 주의를 환기하고 한 걸음 더 들어와서는 자신만의 취향을 찾아볼 수 있는 파빌리온에서 셀프 큐레이션을 할 수 있도록 만들었다.

정삼각형에 가까운 파빌리온의 바닥에는 도심 속에 필드를 들여온 느낌을 살리기 위해 초록색 인조 잔디 대신 잔디를 형상화한 무언가를 깔고 싶었는데, 초록색 대신 민트색의 카펫을 타일 크기에 맞게 커팅해 바닥에 끼워 박았다. 이렇게 시공한 적이 없었기에 마지막까지 시행 여부를 두고 갑론을박이 이어졌지만 결국 작업을 진행해 완성하기에 이르렀다. 바닥에 촉감적으로 도드라지는 패턴

을 줌으로써 도심과 자연이 이어진 결과를 만들 수 있었다. 도심에서 느끼는 일반적인 매끈한 감각과 대비되는 카펫의 이질적인 촉감이 도심과 필드를 이어주는 연결고리를 만든 것이다. 천장의 구조도 파빌리온의 정사각형에 거대한 원형으로 되어 있어 하부의 간접 조명이 천장을 비추면서 다른 공간에 들어간 듯한 분위기를 충분히 연출하였다. 파빌리온의 쇼케이스에는 단차를 주고 직접 조명을 쓰기보다 하부에서 위로 쏘아 올리는 조명을 사용했다. 처음에는 조명도가 좀 낮다는 피드백을 받기도 했는데 이런 은은한 빛이 옷이 지닌 좋은 질감과 패턴, 테크니컬한 측면을 더 고급스럽게 보여줄 수 있었다. 피팅룸에는 크리스털 커팅을 한 거울을 사용해 문이 닫히면 LPGA의 크리스털 로고의 형상이 있고 문이 열리면 이 형상이 드러나는 디테일을 담았다. 오래전에 박세리 선수가 우승하며 크리스털 트로피에 입맞춤하던 영상의 기억을 떠올리며 그들의 우승 트로피에서 본 크리스털 디테일에 착안하여 디자인했다. 재미있는 것은 요즘 저렇게 거울에 크리스털 조각을 하는 업체가 흔치 않아 공장을 찾는 데 고생을 많이 했다는 점이다.

서로 경쟁하는 게임인 만큼 골퍼들이 같이 즐길 수 있는 커뮤니케이션 공간도 넣었는데, 호텔 라운지에서 영감을 받아, 직원이 서비스하는 것이 아니라 스스로 둘러보며 자유롭게 골프 잡지를 골라 보고 커피 머신에서 커피를 내려 마시는 등 여유를 즐기며 소셜

라이프를 즐길 수 있도록 했다. 이곳에서 골퍼들은 자신의 골프 라이프에 대해 서로 이야기하고 상담하며 새로운 커뮤니티를 형성할 수도 있다. 최고급 스윙 시스템인 트랙맨과 퍼팅만 연습할 수 있는 퍼뷰가 있어 이곳의 골프웨어를 착용한 채로 연습해보거나 스윙하며 옷을 체크해볼 수도 있다. 이런 경험을 모두 거친 뒤 마지막은 구매로 이어진다. 계산대도 포스 기계가 있는 결제 창구 같은 곳이 아니라 호텔에서 체크아웃하는 듯한 기분을 느낄 수 있는 데스크처럼 꾸몄다. 자신의 퍼포먼스를 이해한 뒤 자신에게 맞는 옷을 찾고 승리를 위해 구매까지 연결되는 일련의 과정이 자연스럽게 이어지는 공간이다.

PGA 투어 & LPGA 골프웨어의 옷들은 생각보다 패턴과 디테일이 섬세했고, 질감이나 소재가 독특한 것이 많았다. 이런 옷의 기술적인 섬세한 부분들은 자연에서 볼 수 있는 깨끗한 뉴트럴 톤에서 조금 더 부각된다. 대신 라운드와 직선의 절묘한 교합을 만들어 형태적인 부분에서 다양하게 변주를 주어 공간에 리듬감을 부여했다. 반면 지포어 같은 경우에는 팝한 색감과 재미있고 기발한 아이템이 많기 때문에 이를 강조하려면 컬러를 과감하게 활용해 그 생기발랄한 분위기와 대조되게 하는 것이 좋다. 두 가지 작업 모두 종킴디자인스튜디오에서 그간 하지 않았던 디테일 시도를 다양하게 했기 때문에 더욱 즐기면서 작업을 할 수 있었다.

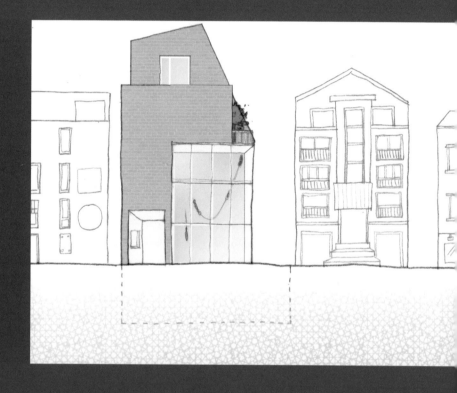

| 의뢰 **누니주얼리**
| 내용 **플래그십 스토어 디자인** | 면적 **637제곱미터** | 장소 **서울특별시 용산구 한남동** | 완공 **2022년 7월**
| 내용 **SI 디자인** | 면적 **44.7제곱미터** | 장소 **영등포구 여의도동 더현대 서울** | 완공 **2021년 2월**

To Love Deeply in One Direction Makes
Us More Loving in All Others

누니주얼리

사랑이 결실을 맺는 공간

＃ 06

누니주얼리와의 작업은 마치 좋은 친구를 사귀는 경험과도 같았다. 첫 책《공간의 기분》에 이어 이 책도 함께 작업한 출판사의 소개로 진행하게 됐던 프로젝트다. 마침 누니주얼리의 손누니 대표님도 당시 김영사와 책을 준비하고 있었기에 우리와 연이 닿았다. 한남동에 누니주얼리 플래그십 스토어 오픈을 준비 중인데 우리에게 공간 설계를 의뢰하고 싶다고 했다. 이야기를 나눠보니 손누니 대표와 나는 공통점이 많았다. 자신의 이름을 딴 회사를 운영하고 있고 회사를 시작한 시기도 비슷했다. 나의 캔과 밤처럼 손누니 대표님도 시바견을 키우고 있었고, 타고 다니는 차종도 동일했다. 당사자는 이런 말을 싫어할지도 모르지만 사업 스타일과 성격도 닮은 면이 있는 것 같았다. 이런 동질감 덕분인지 첫 만남부터 기분 좋은 인상을 받았고 이후 프로젝트 진행도 원활하게 이루어졌다. 한번은 누니주얼리의 공간 세 곳을 모두 마무리하고, 왜 우리 스튜디오를 선택했는지 물어보았다. 다른 스튜디오에 비해 포트폴리오를 무심하게 툭툭 넘기며 설명하는 모습 때문이라는 대답을 들었다. 사실 건성건성 보여주기보다 다양한 것을 잘 흡수하고 있다는 사실을 보여주고 싶은데 내가 아직 많이 서툰 모양이다.

누니주얼리는 결혼을 준비하는 예비부부 중 특별한 나만의 맞춤 예물을 원하는 이들에게 입소문이 난 브랜드다. 작은 공방에서 시작한 누니주얼리는 자연에서 온 텍스처를 강조하면서 한 땀 한 땀 장인의 손길이 느껴지도록 정성을 들이며 제품을 만들기 때문에 해외 브랜드를 대신할 예물을 찾는 이들에게 선호도가 높다. 의뢰 당시 한남동에 쇼룸이 있었고, 앞으로 사옥 겸 플래그십 스토어를 열려는 계획을 세우고 있었다. 동시에 브랜드 확장도 계획하고 있었다. 2021년 2월부터 플래그십 스토어 작업을 진행하고 있었는데, 긴급하게 여의도 더현대 서울 내 매장을 먼저 작업해야 하는 상황이 생겨 먼저 작업을 마무리하게 됐다.

사랑의 매듭, 웨딩링

손누니 대표님은 대학에서 금속공예를 전공하고 로마 주얼리 장인 파우스토 마리아 프란치의 스튜디오에서 일했다. 자연에서 영감을 받아 섬세하게 제작한 독특한 디자인 때문에 자기만의 멋을 알고 원석 자체의 아름다움을 볼 줄 아는 젊은 세대가 약혼, 웨딩 등의 이벤트가 있을 때 누니주얼리를 많이 찾고 있다. 웨딩드레스 디자이너로 일하는 친구에게 웨딩 산업의 현황에 대해 들어보니 결혼식이 축복받은 일이자 인생의 아주 중요한 행사인 만큼 고객 대다수가 작은 실수도 용납하지 않는다고 했다. 인륜지대사에 조금이라도 흠이 생길까 봐 노심초사하며 진행 과정 하나하나를 꼼꼼하게 챙기는 예비부부가 많고 컴플레인이 끊이지 않아 고충이 많다고 토로했다. 누니주얼리 또한 고객의 특성상 고객 CS 부분에서 한 치의 오차도 생기지 않게 철저히 관리하고 있었다. 프랑스에 있을 당시 나는 하이엔드 주얼리 브랜드인 반클리프 아펠의 일을 많이 했는데 럭셔리 주얼리의 정점에 있는 브랜드인 만큼 주얼리 공간에 대한 노하우는 꽤 있는 편이라고 자부할 수 있었다. 개인적으로도 주얼리에 관심이 많고 정교하게 다듬은 다이아몬드보다는 다이아몬드 원석의 아름다움을 더 좋아하기에 이 프로젝트는 더욱 흥미롭게 다가왔다.

결정적 순간에 떠오르는 색

사랑과 약속의 징표로 나눠 끼는 웨딩링. 생의 중요한 순간에 함께하는 의미 있는 물건이기에 부부에게는 어느 주얼리보다 값진 가치가 담겨 있다. 우리는 "한 방향으로 깊이 살아가면 다른 모든 방향의 사랑도 깊어진다"라는 안네 소피 스웨친의 명언을 모티프로 삼아 공간에 대한 아이디어를 확장해갔다. 매장에 들어섰을 때 누군가의 사랑을 위해 정성으로 제품을 만드는 누니주얼리의 진심이 예비부부들에게 전달됐으면 하는 마음이 있었기에 가장 먼저 브랜드를 떠올리면 바로 생각나는 키 컬러를 잡고 싶었다. 쇼메의

파랑, 까르띠에의 빨강, 불가리의 주황, 티파니의 민트 등 눈 감고도 떠올릴 수 있는 누니만의 색을 입히고 싶었다. 고민 끝에 채도가 낮은 보라색 모브 컬러를 키 컬러로 잡았다. 기품이 있되 너무 무겁지 않고, 자신만의 이야기를 담고 있는 듯한 신비로운 색이다. 축복받는 자리의 하이라이트이자 한편으론 프라이빗한 이야기를 담은 사랑의 매듭과 잘 어울린다고 생각했다.

누니주얼리의 플래그십 스토어가 들어설 한남동은 지역적인 특성상 카페나 레스토랑, 작은 가게들이 줄지어 있는 거리라 패션 피플들이 모이는 소박한 분위기의 상권이었다. 우리는 그런 뒷골목 상권 분위기와는 다소 이질감이 있더라도 기존 분위기와 차별화되는 누니만의 색깔을 제대로 보여줄 수 있는 공간을 만들고 싶었다. 매장이 들어설 공간은 신축 건물로 지하 2층부터 지상 6층까지 전체를 다 사용하는 큰 규모였고, 공간 설계는 다른 업체가 맡고 우리는 인테리어만 담당하는 프로젝트였다. 쇼룸과 VIP라운지, 공방, 오피스, 대표실 등 다양한 공간이 한데 모여 있었기에 층별 프로그램을 더 흥미롭게 보여주려고 고민을 거듭했다. 중요한 결정을 하는 장소이니 고객들의 동선이 매우 중요했다. 오픈된 공간이지만 프라이빗한 상담을 위한 룸도 있어야 했고 테이블에서 상담을 받을 때 여러 커플 간에 어색하지 않게 시선을 분리하는 장치도 필요했다.

지하 1층과 지상 1, 2층에 자리한 쇼룸의 전체적인 컬러는 키 컬

러인 모브를 포인트로 두고 자연적인 분위기를 살리고자 질감이 살아 있는 우드 컬러와 내추럴 톤으로 채웠다. 천장은 목화솜으로 만든 따뜻한 분위기의 벽지를 사용해 포근한 느낌을 살렸다. 자연 소재를 활용한 이런 부드러운 변주는 나무가 주는 텁텁한 느낌을 좀 더 상쾌하게 잡아준다. 반면 일반적으로 사용하지 않는 아주 얇은 매시 메탈 패브릭을 이용해 천장을 막아 현대적인 소재가 적절히 조화되는 형태를 만들었다. 쇼케이스는 최대한 모던하게 풀고 싶었기에 반사되는 소재인 은색 슈퍼 미러와 블랙 우드, 애시 우드 소재를 접합하여 식상하지 않게 만들었다. 이외에도 민트 색깔 코르크 소재와 은박이 결합돼 있는 패널이라든지 모브 컬러 스웨이드 천과 반짝이는 투명 소재를 믹스 매치하는 등 자연적인 요소와 질감을 보여주는 것에 초점을 많이 맞췄다. 화장실에서도 일반적인 대리석이 아니라 보라색 콘크리트를 제조해 만들어 누니만의 개성을 살렸다. 클래식한 소재와 현대적인 형태가 조화를 이루며 웨딩이라는 클래식한 순간에 누니주얼리의 모던함을 한 스푼 얹고 싶었다고 할까?

이 공간을 특별하게 하는 가장 중요한 포인트는 빛이다. 보석의 경우 조명도 중요하지만 자연 채광도 매우 중요하다. 자연광에서 빛나는 제품을 보는 것은 폐쇄된 공간의 조명 아래서 보는 것과는 또 다른 감각을 선사하기에 자연광이 아름답게 들어오는 구조를 만들고 싶었다. 채광이 지하 공간까지 들어올 수 있게 건축가와 협의해 빈

공간인 보이드를 크게 만들었다. 그 결과 지하 1층부터 지상 2층까지 보이드가 시원하게 뚫려 개방감이 컸고 1층의 보이드에는 레스토랑 '안남' 작업 당시 함께 일했던 정정훈 유리공예가와 협업해 만든 아름다운 시그니처 라인 펜던트 조명을 활용해 갤러리 작품 같은 분위기를 냈다. 활용할 수 있는 공간은 그만큼 줄어들지만 별다른 캠페인 이미지나 쇼윈도 없이도 설치 미술적인 조명을 통해 누니주얼리만의 가치와 아름다움을 강조할 수 있는 이곳만의 쇼윈도를 완성했다.

VIP 라운지가 있는 3층은 고객들이 제품을 픽업하는 공간인데, 그 공간 너머로 누니주얼리의 공방이 살짝 보인다. 이전에 주얼리 공방에 갔을 때 공방 소리가 치과 소리와 비슷하게 들렸다. 그 사실에 착안해 공방 소리가 얼핏 들리며 누니의 주얼리들은 이렇게 장인들의 손길로 하나하나 만들어지고 있다는 것을 은연중에 드러내면 좋겠다고 생각했다. 공방에서 제품을 찍어내는 몰드를 공방 앞에 진열해 내가 의뢰한 제품이 이렇게 한 땀 한 땀 만들어지는 과정을 상상할 수 있도록 했다. 한 층 더 올라가면 직원들이 일하는 오피스 공간이 있고 5층과 6층은 대표실로 디자인했다. 일하면서 영감도 많이 받을 수 있고 어떤 시간대에서도 편안한 업무 환경이 될 수 있도록 간접 조명을 충분히 넣었다.

이렇게 전체적인 1차 작업이 끝나고 기본 설계를 시작할 때쯤 갑자기 일정을 다 멈추고 백화점 SI 디자인 건을 먼저 진행하게 됐다.

사실 이렇게 큰 프로젝트를 하다가 중간에 같은 클라이언트의 다른 프로젝트를 시작하는 일은 부담스러울 수밖에 없다. 하던 일을 다 마무리 짓지 않고 중간에 다른 작업을 하다가 거기서 실수가 터지면 서로 간의 신뢰가 깨지는 것은 물론이고 하던 작업까지 맥이 빠질 수 있기 때문이다. 조금은 마음이 무거운 상태로 이 백화점 매장 작업을 쇼케이스 제작 등 테스트 매장으로 삼아 해보자고 협의해 진행하게 됐다. 플래그십 스토어 작업을 하며 콘셉트는 서로 이해하고 있는 상황이었기에 바로 조닝 작업에 들어갈 수 있었다.

더현대 서울 매장에서는 누니주얼리를 상징하는 색이 보라색이라는 걸 알리고자 바닥부터 전체적으로 보라색과 모브 컬러를 사용했다. 작은 매장이지만 이목을 끌기 위해 반사되는 슈퍼 미러 소재와 블랙 우드 소재를 적절히 섞었다. 다른 매장과 차별화하고자 자연적인 질감을 표현하기 위해 기본 우드 소재 대신 질감을 좀 더 강조하는 우드 패널을 사용했다. 커튼도 보라색이 서서히 물들어가는 듯한 그러데이션을 주어 누니주얼리가 조금씩 변화를 꾀하고 있다는 의미도 담으려고 했다. 블랙 우드가 포인트인 쇼케이스는 곡면 유리를 사용하는 등 어려운 시도가 있어서 시행착오를 몇 번 겪었지만 플래그십 스토어에 어떻게 적용하면 좋겠다는 해답도 얻어서 오히려 안정적으로 다음 단계를 준비할 수 있는 계기가 됐다. 매장에 들어가는 쇼케이스도 기존 보석 매장에서 쉽게 보는 디자인이 아닌 조형적인 미가 있고 공예적인 누니주얼리만의 철학이 담긴 디자인으로 표현하고자 했다.

더현대 서울 매장을 완성하고 난 다음 다시 플래그십 스토어의 마무리 작업에 들어갔다. 완공될 때쯤 태풍이 와 준공 일정이 미뤄지면서 매일이 롤러코스터 같았고, 건축과 인테리어가 맞물린 작업이라서 매일 새로운 문제가 발생해 전화벨 소리가 무서울 정도였다. 손누니 대표님이 마음고생을 많이 했다. 우리라도 걱정거리를 만들어주지 않으려고 디테일 하나하나 좀 더 신경을 썼다. 특히 나무의 결이 은은하게 느껴지는 화이트 파사드는 손누니 대표님의 책에서도 볼 수 있는데, 이것은 누니 주얼리가 어떤 철학을 가진 브랜드인지를 드러내주는 요소다.

욕심을 내 완성하고 보니 공들인 만큼 전체적으로 만족스러운 결과물이 나왔다. 작은 해프닝도 있었다. 밖에서 볼 수 있는 전면 쇼케이스를 만들어 보라색 천을 배경으로 주얼리를 전시하고 주얼리 디테일을 잘 볼 수 있도록 돋보기를 설치했는데, 일주일이 지나자 햇빛에 천이 타 동그랗게 구멍이 나  버린 것이다. 이걸 놓쳤다는 게 정말 어이없었지만 빨리 발견하고 철거해 다행이었던 기억이 난다. 우여곡절이 있었지만 내 마음속에 보석 같은 매장이 하나 생긴 기분이었다.

아이덴티티를 구체화하다

한남동 플래그십 스토어까지 작업을 한 뒤 현대백화점 무역센터점 매장 진행도 추가로 맡게 됐다. 매장 두 곳을 거치며 누니만의 보라색 아이덴티티가 구체적으로 확립되면서 우리 색깔을 더 잘 보여줄 수 있는 공간을 만들고 싶었다. 44.7제곱미터, 10평이 조금 넘는 정도의 작은 백화점 매장이기에 강렬한 인상을 주고 싶어서 어떻게 하면 누니의 장인정신과 클래식하면서도 현대적인 아름다움을 보여줄 수 있을지를 두고 고심했다.

이번엔 바닥에 색을 줘보면 어떨까? 원목 마루를 보라색으로 염색해 깔고 벽면에는 클래식한 우드 프레임 사이로 은박을 일일이 붙여 만든 극도의 현대적인 쇼케이스를 넣었다. 그리고 클래식함을 더 강조하기 위해 클리셰적이긴 하나 사랑을 이야기할 때 항상 등장하는 큐피드 벽화를 벽면에 프린트해 넣었다.

사랑의 메신저이기도 하지만 악동의 이미지가 있어서 어떻게 보면 키치한 느낌을 주는데 꼭 한 번 해보고 싶은 시도였다. 매우 작은 매장에 컬렉션 라인을 많이 넣어야 했기 때문에 쇼케이스를 일렬로 배치하는 대신 몇 단으로 분리한 뒤 조명 효과를 달리해 다양하게 보이도록 구현했다. 상담할 수 있는 공간과 현장 방문 고객을 위한 간이 상담 테이블도 만들었다. 집기 하나하나 색과 소재, 빛이 조화될 수 있도록 디테일에 신경을 썼다. 스튜디오 기오의 신기오 실장과 함께 다이아몬드 형태의 새로운 누니주얼리 심벌도 만들어 넣었다.

　연속으로 이어진 누니주얼리의 공간 작업은 우리 회사에도 새로운 도전이자 또 한 번 도약하는 계기가 된 의미 있는 작업이었다. 특히 클라이언트인 손누니 대표님과 안성균 이사님에게 큰 고마움을 느낀다. 모든 클라이언트가 소중하지만 서로 간에 소통이 잘되는 클라이언트는 손에 꼽을 정도다. 필요에 따라 서로 협력하고, 맡은 위치에서 선을 지키며 나아갈 때 가끔 상대방의 참모습을 발견하게 된다. 내가 본 손누니 대표님은 친절한 사람이다. 나의 단점이기도 한 선 긋기에도 이견 없이 한결같은 모습으로 대한다. 모든 업무가 끝났지만 손누니 대표님은 여전히 소중한 한남동 이웃이다. 우리 팀원들과도 부담 없이 소통하며 서로의 고충을 진심으로 고민하고 기쁜 일도 함께 나눌 정도로 매우 좋은 사이가 됐다. 일하며 이런 인연을 얻는다는 건 일의 성공만큼이나 소중한 것이다. 좋은 사람이 만드는 아름다운 주얼리가 더 많은 사람들에게 사랑받기를 언제나 기원한다. 그리고 누니주얼리를 만나기 위해 방문한 모든 고객이 행복했으면 한다. 인생의 새로운 출발에 언제나 축복 같은 순간만이 있기를.

| 의뢰 **쿠오카** | 내용 **플래그십 스토어 디자인** | 면적 **20.5제곱미터**
| 장소 **서울특별시 성동구 성수동** | 완공 **2022년 10월**

The Poetics of Conversation

쿠오카

시적인 경험을 선물하세요

07

신기할 정도로 새로 론칭하는 코스메틱 브랜드가 많은 시대다. 신규 브랜드가 많다 보니 작업 문의도 계속 이어졌는데 우리는 아모레퍼시픽과 라네즈, 설화수, 헤라 등의 브랜드를 연달아 협업하던 중이라 당분간 코스메틱 작업은 맡지 않기로 했다. 왜냐하면 나는 항상 디자이너가 성장하는 데는 경험이 가장 중요하다고 생각하는데 비슷한 작업을 연이어 하다 보면 특정 분야에 국한되어 정체될 수 있기 때문이다. 잠시 코스메틱 작업을 쉬던 시기에 쿠오카라는 생소한 코스메틱 업체에서 연락이 왔다. 미팅 전 브랜드 SNS 계정을 보니 작은 브랜드지만 강렬한 메시지가 있다는 것이 느껴졌다.

'유통하기 72시간 전에 만드는 화장품' '극신선'을 키워드로 한 브랜드로, 쿠오카는 이탈리아어로 파인다이닝 레스토랑의 셰프를 뜻한다. 일전에 성수동 LCDC에서 팝업 매장을 열었는데 그 공간도 파인다이닝의 콘셉트를 살려 재치 있게 선보였다. "파인 다이닝의 셰프처럼 고급 원료를 깐깐하게 선별한 뒤 제조 30일 이내의 신선한 제품만 판매한다"라는 철학이 독특하고 재미있었다. 고급 재료들을 아낌없이 담아내고 최소한의 시간 안에 신선한 레시피의 제품을 생산한다는 점이 고객에게도 좋은 소구 포인트가 될 것 같았다.

사전 미팅을 하려고 정말 오랜만에 성수동으로 향했다. 미팅 장소에 들어서자마자 깜짝 놀랐다. 거기엔 초등학교 동창인 박기상이라는 친구가 앉아 있었다. 졸업한 뒤로 만난 적이 없었는데 그 친구는 나에 대한 소식을 종종 접했다고 했다. 쿠오카의 공동 대표를 맡은 그는 미팅 스케줄에서 김종완이라는 이름을 보고 어릴 적 친구인 나를 기다리고 있었던 것이다. 놀란 마음도 잠시, 대표 두 분과 담당 실무자분, 디자인 고문을 봐주는 상무님이 같이 미팅을 했는데 이 일을 군이 우리 회사에 맡길 필요가 있을까 싶을 정도로 센스가 있는 분들이었다. 그런데 작업을 의뢰할 매장을 보자 당황스러움이 앞섰다. 20.5제곱미터(약 6평) 정도 규모의 아주 작은 옷 가게였던 것이다. 단독건물도 아니고 양옆으로 편의점과 가죽 전문점이 나란히 있는 그야말로 성수동 골목의 작은 가게였다. 전면에 노출되는 사이니지도 많아 시선 분산 요소가 상당했다. 성수동은 요즘 제일 트렌디한 동네다. 많은 브랜드가 성수동에 신규 매장을 열고 명품 브랜드 디올도 그 대열에 합류하며 열기를 더했다. 그 가운데 문을 열 이 작은 공간을 어떻게 채워야 할까? 클라이언트는 우리 회사의 어떤 점을 높게 평가해서 우리 회사에 이 프로젝트를 의뢰한 걸까? 고민을 품은 채 일을 진행하게 됐다. 종킴디자인스튜디오에서 맡은 가장 작은 공간이었다.

신선함을 선물하는 공간

성수동 매장은 쿠오카의 신규 라인업 론칭과 동시에 오픈할 예정이었다. 기존에 가지고 있던 '프리미엄 블렌드'라는 스킨케어 라인에 더해 바디 로션과 핸드 워시 등이 포함된 '에피큐어 블렌드'가 신규 라인업으로 출시되면서 로고, 패키지 이미지도 다소 변경됐다. 쿠오카에서 우리에게 미리 제품을 써보라고 기존 브랜드 제품을 전부 보내주었는데 제품을 사용해보니 피부가 확실히 좋아지는 게 느껴졌다. '극신선'이라는 테마처럼 얼굴에 생기가 도는 것 같았다. 피부로 직접 느껴보니 이들의 철학을 어떻게 공간에서 풀어야 할지 아이디어가 떠올랐다.

우선 파인다이닝이라는 예술적 과정을 직접적이지 않고 은유적으로 보여주고 싶었기에 '시적인 대화'를 키 메시지로 잡았다. 이전의 쿠오카가 최상의 재료를 엄선해 독자적 기술로 정성껏 만든 제품을 전한다는 내용을 식당의 바 구조를 통해 직접적으로 보여줬다면 지금의 쿠오카는 미식가, 대미를 장식할 코스의 마지막, 매력적인 향, 독창적인 질감 등의 키워드를 보여줄 수 있어야 했다. 신규 론칭 라인인 에피큐어 블렌드를 코스의 마지막이라고 본다면 디저트에 비교할 수 있을 텐데 우리는 이것을 달콤하고 부드럽고 화사하게 풀거나 현란하고 화려하거나 격식 있게 풀지 않기로 했다. 성수동의 분위기와 적절히 어우러질 수 있는 자유분방하고 개성 있고 타협하지 않는 현 시대의 트렌드를 반영한 공간을 만들고 싶었다.

일할 때마다 부담으로 다가오는 점은 클라이언트가 우리에게 무형의 것을 구매한다는 사실이다. 그 때문에 모든 프로젝트가 결과물이 완성되기 전까지 항상 부담이 될 수밖에 없는데 심지어 쿠오카는 친구의 일이라고 생각하니 그 부담이 배로 느껴졌다. 시적인 대화를 나눌 수 있는 공간을 어떻게 만들면 좋을까? 어쨌든 극신선이라는 주제는 변함없는 핵심이기에 공간 전체를 아주 서늘할 정도로 프레시하게 만드는 데 방점을 뒀다. 파인다이닝에서도 음식을 프레젠테이션 할 때 색 조합에 공을 들인다. 고민을 하다 보니 기존 건축 마감재에서 오는 색조합이 아닌 비눗방울의 오묘한 색이 떠올랐다. 하늘색과 초록색의 중간 단계, 비눗방울이 크게 부풀어오르며 보이는 보라색과 투명함, 아쿠아적인 질감들을 극신선에 대입

해보면 좋겠다는 아이디어가 떠올랐다.

좁은 공간을 효율적으로 활용할 수 있는 건 벽과 천장을 최대한 이용하는 것이다. 벽 자체가 브랜딩이 될 수 있게 하는 방법은 뭐가 있을까? 쿠오카의 72시간 내 만들어진 파인다이닝 같은 화장품을 설명하기 위해 손으로 하나하나 만든 듯한 질감을 강조하고 싶었다. 벽면에 빨간색 시트지를 붙여 일일이 격자무늬를 만든 다음 아주 옅은 푸른빛이 도는 페인트를 몇 겹씩 칠해 질감을 살렸다. 그후 시트지를 모두 뜯어내고 그 위에 메탈 도장을 한 번 더 진행했다. 공간감을 확대하고자 벽면과 천장까지 이 패턴이 경계 없이 죽 이어지도록 작업했다. 엄청난 노동이 동반된 일이었다.

또한 파인다이닝에 빠질 수 없는 식탁도 평범하지 않게 시적으로 표현하기 위해 물이 흐르는 듯한 디자인으로 제작했다. 보통 인

테리어 규격상 중앙 집기들은 1,000~1,100센티미터로 좀 높게 제작하지만 우리는 실제 식탁 규격으로 정해진 높이인 800센티미터를 기준으로 제작했다. 그 대신 고객이 섰을 때 보기 조금 불편할 수 있으니 상부에 단차를 두어 작은 매장 속에 리듬감을 줬다. 상판에 웨이브 메탈을 깔고 물이 흘러넘치는 듯한 효과를 내기 위해 그 위에 크리스털 에폭시를 부었다. 또 이 소재들이 천장에서 어른거리는 모습을 표현하려고 조명을 달았는데, 조명 디자인 업체 폼기버와 합을 맞춰 좋은 결과물을 만들어냈다.

크리스털 에폭시와 웨이브 메탈의 반삿값을 이용한 조명을 설치해 천장에 물이 맺히는 듯한 효과를 준 것이다. 식탁 위에 부피감을 최소화한 매끈한 직사각형 거울을 와이어로 매달아 경쾌함을 더했다. 제품의 신선함을 표현하려고 설치한 세면대에는 흥미로운 변주를 주고 싶어 유니크한 수전 업체로 이름난 프란츠 비게너의 새빨간 수전을 구해 달았다. (이 수전은 당시 우리 스튜디오를 다니다 퇴사한 직원의 친구가 뉴욕에 있어 그 친구에게 부탁해 공수한 제품이다.) 레스토랑에 가면 백 키친에서 모든 일이 벌어지고 있듯이 이 매장도 뒤쪽 공간에 후킹 요소를 넣어도 좋을 것 같았다. 일본의 유리 장인에게 의뢰해 쿠오카의 기존 라인을 소개할 수 있는 쇼케이스를 만들고, 하단부에 오로라 빛의 조명을 설치해 쇼케이스를 비추게 했다. 직원이 밖에 나와 있는 것조차 절제하도록 해 카운터와 패키징 공간

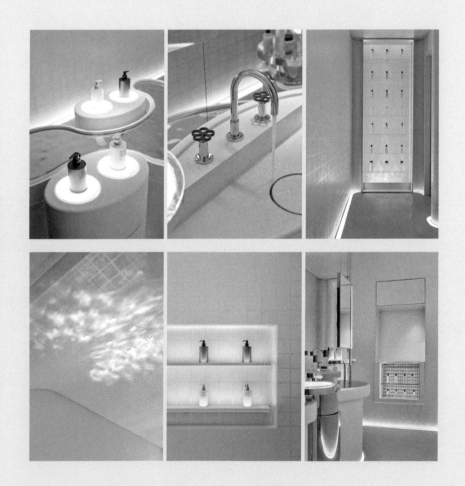

을 백 스페이스로 만들어 모든 일은 뒤에서 이뤄지고, 밖에선 고객이 자유롭게 공간을 감상할 수 있도록 만들었다. 스피커, 에어컨 등의 기기들도 노출이 불필요한 것은 최대한 내장해 밖으로 드러나지 않게 했다. 공간 디자인의 효율을 극대화하기 위해 공간의 질감과 표현 모두 수학적으로 계산해 완벽히 맞췄다.

지금껏 작업한 매장 중 제일 작은 매장이었다. 이 6평 남짓한 공간을 위해 스페셜 페인트를 제작했고, 오이코스, 시공사 마돈나, 조명 스튜디오 폼기버 등 여러 회사가 이 작업에 힘을 보탰다. 대개 규모가 큰 브랜드들은 당연히 좋은 설계사들과 일을 하지만, 소규모 브랜드는 설계를 내부에서 해결하는 경우가 많다. 그래서 처음엔 이 프로젝트를 해야 할지 말아야 할지 고민이 됐다. 우리 스튜디오는 시공 비용은 별도이고 설계사의 디자인 비용이라는 것이 있기 때문이다. 우리 스튜디오는 크기가 작아도 최소 금액을 정해두고 있기에 클라이언트 입장에서는 부담스러울 수 있다. 규정상 정해진 내용이 포함된 견적서를 보내면서도 마음이 편치 않았다. 그런데 바로 진행하겠다는 연락이 와 기뻤다. 결과물이 나온 뒤 스스로도 만족스러웠지만, 클라이언트에게 "역시 넘버원"이라는 피드백을 받으니 그간의 피로가 일순간에 풀리는 것 같았다. 진심은 통한다는 것을 다시 한번 느끼게 해준, 작지만 소중한 프로젝트였다. 이곳을 작업하며 소규모 공간도 가끔씩 작업할 필요가 있다는 생

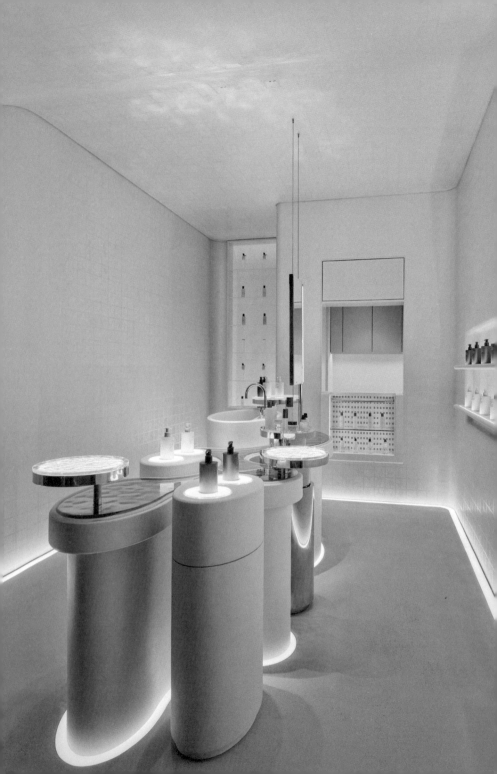

각이 들었다. 많은 회사가 수익이 적고 기간도 짧아 팀을 자주 구성해야 하는 소규모 프로젝트를 기피한다. 하지만 이 작업을 하는 기간은 우리에게 스트레스를 해소하는 시간이었다. 어떻게든 해내려는 의지를 가지고 공을 많이 들여 알차게 공간을 꾸렸던 이 작업을 오래 기억해야겠다. 공간 규모와 희열을 느끼는 것이 꼭 비례하는 건 아님을 깨달았던 시간이다.

| 의뢰 **더 쿨리스트 호텔** | 내용 **호텔 디자인** | 면적 2,581.1제곱미터
| 장소 **부산광역시 해운대구 송정동** | 완공 2023년 8월

더 쿨리스트 호텔

숨기에 최적인 장소

#08

어느 날 부산에서 연락이 왔다. 건축은 설계가 끝났고 건물은 올라가고 있는 프로젝트라고 했다. 사실 공간설계 의뢰는 임박해서 연락이 오는 경우가 많다. 이번 프로젝트도 비슷하겠다고 생각하고 이야기를 하고 있었는데 규모도 생각보다 크고 시간 여유도 있는 프로젝트여서 처음부터 브랜딩과 프로그램을 생각할 수 있었다. 부산 해운대구 송정동 소재의 개인 소유 부지에 호텔용 건물을 짓고 있는데 일반적인 숙박업체와는 차별화된 부티크 호텔을 만들고 싶다고 했다. 호텔의 방향성을 잡지 못하고 갈팡질팡하는 모습을 보니 브랜딩부터 인테리어까지 전체를 맡아서 해보고 싶다는 욕심이 생겼다. 첫 미팅은 클라이언트의 어머님께서 운영하시는 부산 송정의 작은 호텔 로비에서 이뤄졌다. 부산에 다른 프로젝트로 출장을 간 김에 계약도 하기 전에 만남이 성사됐다. 당시에 어머님께서 참외를 깎아주셨는데, 마침 좋아하는 과일이라 맛있게 먹었던 기억이 난다. 그 덕에 2년이 지난 지금도 만나면 참외를 깎아주신다.

송정은 해운대와 기장 사이에 자리한 곳으로 조금만 이동해도 묵을 수 있는 5성급 럭셔리 호텔이 즐비하다. 다만 그런 호텔은 마음 편하게 자주 들르기에는 부담스럽다. 그렇다고 다른 대안을 찾으려고 하면 대부분이 브랜드 아이덴티티가 모호한 펜션이나 모텔 같은 곳이라 선택지가 제한적이었다. 특히 이곳은 서핑 명소로 이름이 나 십 대부터 이삼십 대 젊은 층이 주로 놀러 오는 해변가인

데 한창 멋을 추구하는 그 나이 또래의 여행객이 부담 없이 머물 수 있는 숙소가 마땅치 않았다. 그래서 매력적인 브랜드 아이덴티티가 있으면서 합리적이고, 이용하기 편리한 부티크 호텔을 만드는 것을 우리의 작업 목표로 잡았다.

뉴 플렉스를 제시하다

합리적인 가격으로 편하게 이용할 수 있고 독창적이고 개성 넘치며 언제나 편안한 '뉴 플렉스New Flex' 호텔은 어떠해야 할까? 아이디어를 떠올릴 때 가장 먼저 TCH로 불리는 쿨리스트 호텔이 물망에 올랐다. 더하고 뺄 것도 없이 있는 그대로를 보여주고 그 자체로 쿨한 호텔이자, 과감하고 감각적인 호텔로 송정에 온다면 누구나 묵어보고 싶은 숙소가 되었으면 했다. 주변의 숙박업체와 비교가 불가할 만큼 당돌한 호텔을 만들고 싶었다. 타깃층을 해양스포츠를 즐기는 개성 있는 젊은 층으로 특정했기에 콘셉트도 단숨에 정해졌다.

호텔에 대한 정의로 긴 설명 대신 '가장 쿨하게 살 수 있는 10계명'을 만들었다. 호텔이 추구하는 10대 원칙인 셈이다. 이 10계명은 여전히 호텔의 가훈처럼 호텔 방마다 배치되어 있다.

1. 부정적으로 반응하지 않는다 Don't respond to negativity

2. 남을 나쁘게 말하지 않는다 Don't speak poorly about others

3. 정시에 나타난다 Show up on time

4. 무턱대고 준다 Give without expectations

5. 의도적으로 낙관적으로 반응한다 Deliberately optimistic

6. 트집을 잡거나 자랑하지 않는다 Don't Nitpick or brag

7. 감사를 표한다 Show gratitude

8. 매너가 좋다 Have good manners

9. 변명하지 않는다 Make no excuse

10. 누구에게나 친절을 베푼다 Random acts of kindness

이렇게 열 가지 호텔 수칙을 정하고 나니 이 공간을 정의하는 정체성이 완성됐다. 이 원칙을 호텔 서비스에 접목해보면, 첫째, '부정적으로 반응하지 않는다'는 고객이 모래흙이 묻은 신발을 신거나 바닷물이 뚝뚝 떨어지는 옷을 걸친 채로 호텔에 들어와도 괜찮다는 뜻이다. 5성급 호텔은 보통 밖에서 에어프레셔로 깨끗하게 털고 들어오게 되어 있다. 그러나 이 호텔은 바닥 소재를 이물질이 쉽게 털어지는 소재로 만들어 그런 번거로운 단계를 줄였다. 셋째, '정시에 나타난다'는 고객이 출차 상황을 알 수 있게 해 기다리지 않도록 한다는 뜻이다. 이 호텔은 주차 타워에 차를 맡기는 방식이어서 차가 나올 때까지 고객이 무턱대고 기다려야 한다. 그래서 이런 불편을 해소하고자 보완책으로 고객이 체크아웃을 하면 2층 로비에서 전광판으로 내 차가 어디에 있는지, 출차 준비가 됐는지 확인할 수 있게 해 대기 시간을 낭비하지 않고 단축할 수 있도록 했다. 다섯째, '의도적으로 낙관적으로 반응한다'는 구슬픈 음악은 틀지 않고 의도적으로 흥이 넘치는 음악을 트는 등 호텔의 분위기를 만드는 것이다. 10계명을 만들면서 추가로 체크아웃 후에도 바다에서 놀 계획이 있는 투숙객을 위해 로비에 따로 샤워할 수 있는 공간을 넣고 싶었는데 아쉽게도 이 부분은 구현되지 못했다. 아마도 곧 지하 공간의 설계가 시작된다면, 이 부분을 해소할 수 있는 새로운 프로그램에 대한 욕심이 있다.

TCH의 브랜드 컬러는 노란색으로 잡았다. 호텔의 브랜드 컬러인 노란색은 희망적이고 긍정적이며 천진난만하고 순수하다. 노란색을 싫어하는 사람이라면 오지 않아도 된다는 생각이 들 만큼 샛노란 컬러를 곳곳에 넣었다. 건물 외관은 다른 업체가 맡아서 우리 스튜디오는 로고와 호텔의 사이니지를 작업한 것에 만족할 수밖에 없었다. 하지만 뉴트럴 톤의 담백한 외관 안에 우리가 작업한 알록달록한 공간이 있다는 생각에 그 모습이 우직하게 느껴져 매력적

으로 보였다.

1층 입구는 모두가 깜짝 놀랄 정도로 노란색으로 채워 TCH의 아이덴티티인 활기찬 기운을 고객에게 주고자 했다. 2층 로비로 가려면 엘리베이터를 타야 하는데, 1층 입구는 이 엘리베이터가 있는 홀 공간으로 들어가는 구간이기도 하다. 하지만 입구이기에 더욱 크고 웅장하게 보이도록 디자인했다. 엘리베이터 옆의 층별 안내도 또한 여러 겹의 유리와 아크릴을 이용하여 중첩된 레이어드 효과를 주었다. 그리고 그래픽 폰트의 크기와 안내 중요도에 따라 디자인했다. 천장고가 5미터나 되고 통로가 2미터가 넘는 좁고 샛노란 엘리베이터 홀 복도에 조명이 무심하게 있는 것 같지만 자세히 보면 디테일이 돋보인다. 탁 트인 바다가 전면으로 보이는 로비에는 노랑, 파랑, 빨강 등 더 대담한 원색 컬러들의 조화가 돋보이도록 색 조합을 과감하게 썼다. 바닥은 오렌지색 체크무늬로 하고, 천장은 바캉스의 낭만을 직접적으로 표현할 수 있는 라탄 소재로 덮었다. 또한 간접 조명을 풍성하게 넣어 존재감이 가득한 공간이 되도록 했다. 일부러 사선 형태로 내린 천장은 바다로 빨려 들어가는 듯한 느낌을 준다.

호텔의 상징인 THE COOLEST HOTEL이라는 사이니지는 빨간색 와이어에 쿨하게 매달려 있다. 네온사인 같지만 자세히 보면 LED다. 그 앞에는 호텔 체크인 데스크가 있는데 진한 파란색의 이

데스크는 노란색과 대비되어 편안한 느낌을 준다. 아마도 이번 호텔 프로젝트에서 가장 값비싼 마감재는 데스크에 사용된 블루마블 소재의 대형 타일일 것이다. 이 소재로 된 데스크와 직각으로 연결된 셀프 데스크 구간은 공사장에서 사용되는 일명 '각 파이프'로 마감해 재질의 대비를 보여주었다. 데스크 뒤에는 예전에 공항이나 기차역에서 사용하던 플립 형태의 사이니지 패널을 두었다. 쿨리스트 호텔은 셀프 주차가 되지 않고 주차 타워로 주차를 하기 때문에 체크아웃을 하면 주차 타워에서 차량이 나오는데, 차량이 준비되었음을 알려주는 용도로 이 패널을 사용한다. 예전에 공항에서 알파벳과 숫자가 '착착' 같은 소리를 내며 돌아갔었는데, 비슷하게 만들어 그때의 추억이 여행의 설렘으로 연결된다.

한편에는 호텔에서 판매하는 굿즈를 배치했는데, 유니폼부터 콘돔 모양의 지우개, 일회용 문신기 등 기발하고 재밌는 아이템을 선정해 투숙객들에게 색다른 재미를 주도록 했다. 호텔 로비 라운지에서 커피와 간단한 F&B를 이용할 수 있고, 벽난로가 있어 겨울에는 오션뷰를 바라보며 낭만을 즐길 수 있다. 쿨리스트 호텔이라는 이름에 걸맞게 국내 최초의 젠더리스 화장실을 2층 로비에 만들고 싶어 클라이언트를 설득했으나 지역 정서상 아직 이르다며 제안이 끝내 받아들여지지 않았다. 화장실은 오션 뷰로 소변기 사이사이에 독특하고 재미있는 붉은색 간접 조명이 풍성하게 설치되어 있어

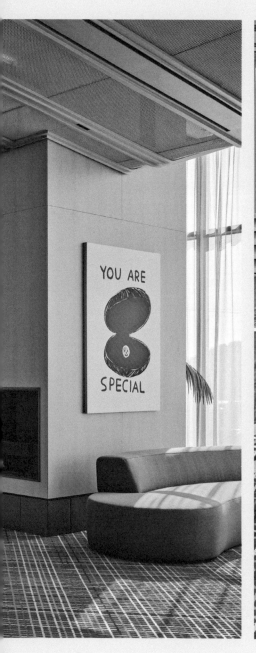

이곳을 찾는 고객에서 특별한 경험을 선사한다.

3층부터 10층까지는 스탠더드룸으로 TCH가 지향하는 바와 결이 비슷한 그림을 추천해 넣었고, 조명과 의자 등의 가구도 쿨한 분위기를 낼 수 있는 아이템으로 제안했다. 복도의 벽은 유광 마감재를 쓰고 볼드한 그래픽 바닥에는 눈부신 주황색 패브릭을 깔아 밝고 경쾌한 분위기를 연출했다. 객실 내부에 들어서면 오션 뷰가 펼쳐지는 가운데 주황, 파랑, 초록 등의 색 조합이 기분 좋게 반겨준다. 스탠더드룸도 룸 타입별로 바닥과 벽면, 화장실 등 공간 포인트 컬러를 조금씩 다르게 주어 취향에 따라 선택할 수 있게 했다. 스탠더드룸 B 타입의 경우 침대 맞은편에 있는 베란다에 욕조를 두어 오션 뷰를 보며 힐링할 수 있는 공간으로 완성됐다.

11층과 12층에 자리한 스위트룸의 경우 복도 바닥은 새파랗게 LVT로 적용했고 객실 내부의 바닥은 내추럴한 우드 바닥재를 사용하되 오렌지색 카펫을 깔아 포인트를 줬다. 욕실에 깐 타일 사이의 줄눈 컬러도 타일 컬러와 대비되게 신경을 썼다. 스위트룸을 작업할 때는 내가 살고 싶은 공간을 상상하며 마음껏 꾸밀 수 있었다. 사람들은 내가 매우 간결하고 절제된 공간이나 아이템을 좋아할 거라고 생각하지만, 사실 이렇게 강렬하고 과감하고 포인트가 있는 공간을 사랑한다. 내가 머물 공간이라는 생각으로 작업해서인지 특히 애정을 쏟으며 재미있게 작업할 수 있어서 하고 싶은 걸 마음

껏 한 기분이었다. 루프톱 수영장이 있는 옥상에는 새파란 수영장과 대비되는 새빨간 줄무늬 파라솔을 두고 간단한 음료를 사 마실 수 있는 무인 스낵바를 만들었다. 스낵바 위에는 "YOU CAN SURF LATER"라는 위트 있는 문구를 써 쉼을 유도했다. 수영장을 이용하지 않는 고객들도 편안하게 쉴 수 있게 원형 벤치가 있는 미니 정원을 만들어 싱그러운 분위기를 더했다.

1박 2일 동안 나, 우리 디자이너 팀원 둘이 2시간씩 쪽잠을 자며 사진작가님과 같이 준공 촬영을 했다. 피곤했지만 행복했다. 클라이언트도 우리도 그리고 참외를 깎아주시는 어머님도. TCH 프로젝트의 1차 기획설계 프레젠테이션을 준비하면서 정말 즐거웠다. 한 페이지 한 페이지를 채워나가는 것이 좋았고, 내면의 페르소나를 끄집어내는 듯하다고 느꼈다. 이곳을 작업할 당시 근처인 기장의 오시리아 메디타운과 강원도 양양의 설해수림 프로젝트를 동시에 진행 중이었는데, 공교롭게도 설해수림은 자연 속에서 하이엔드 라이프스타일을 누릴 수 있는 사오십 대를 타깃층으로 한 리조트였고, 오시리아는 노년의 삶을 편안하고 아름답게 보내다 마무리하고 싶은 사람들이 머물 실버타운이었다. 특히 오시리아에 위치한 라우어는 죽음의 슬픔이 공간을 장악하지 않도록 하려고 고민했다. 청춘과 중년, 노년을 위한 세 가지 프로젝트를 동시에 하며 인생의 단계에 대해 더 밀도 있게 고민하게 되었다. 모든 이들이 가진 '자기만의 생'에 존중과 경의를 표하게 됐다. 일적으로는 종킴디자인 스튜디오가 표방하는 '다양성'에 한 발짝 더 가까워졌다는 생각이 들어 만족스러웠다.

2부

사무실 :: 일하는 시간에도 빛나는 공간

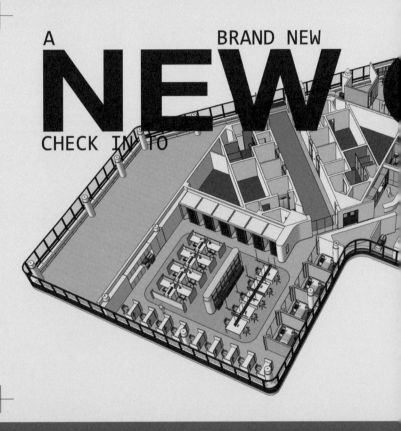

A BRAND NEW

NEW

CHECK INTO

| 의뢰 **SK D&D** | 내용 **스마트 오피스 디자인** | 면적 **1,114.4제곱미터**
| 장소 **서울특별시 종로구 관훈동** | 완공 **2021년 8월**

CONCEPT

SMART OFFICE

RD3R

THE
NEW NORMAL

리테일 공간이 아닌 기업체의 사무 공간 디자인 의뢰를 받을 때도 있다. SK D&D와 작업한 스마트 오피스가 그에 해당한다. SK 디스커버리, SK 가스, SK D&D, SK 플라즈마, SK 바이오사이언스 등 다섯 개 계열사 직원들이 TF팀을 꾸렸을 때 일할 수 있는 공용 공간, 즉 스마트 오피스를 만들고자 하는 계획이었다. 명확한 타깃층이 있었기에 어떤 공간을 꾸리면 좋을지에 대한 가닥이 금방 잡혔다. 개인적으론 코로나19 발생 이후 한동안 흥하던 공유 오피스의 실용성에 대해 다시 한번 생각해봐야 하는 시점이라고 생각했다. 누구와도 어울릴 수 있게 활짝 개방된 공간, 널찍한 캔틴, 정작 사용하진 않지만 인테리어만 예쁜 공간 등 과연 우리는 그런 형태의 사무실이 필요했을까? 카페나 라운지처럼 공용 공간은 넓은데 사무 공간은 닭장처럼 되어 있다면 금방 피로할 것 같았다. 코로나19로 사회적 거리두기를 시작하면서 불필요한 장소가 많이 생겼다. 개인적으로 공간의 어떤 트렌드가 한번 기세를 잃으면, 그 트렌드로는 다시 돌아가지 않는다고 생각한다. 코로나19가 완전히 끝나더라도 사무실에 대한 새로운 정의가 필요할 것이라고 여겼다. 그래서 우리는 '새로운 정의'를 키워드로 삼고 다시 새로운 기본 오피스를 찾아보자고 제안했다. 지금은 코로나19 발생 이전의 형태가 아닌 새롭게 재해석된 공유 오피스가 필요하다.

따로 또 같이 어우러지는 공간

　종로구 관훈동에 위치한 관훈빌딩은 1980년대에 지어진 오래된 건물이다. 답사 차 방문했을 당시 건물 1층에 이미 젊은 감성의 공유 오피스가 자리하고 있었기에 새로운 공간이 필요하다면 어떻게 풀어야 할지를 두고 고민이 많았다. 게다가 우리가 오피스 공간을 전문적으로 하는 아틀리에가 아니어서 시행착오를 겪겠다는 생각이 들었다. 대형 사무실의 1세대 형태가 검은색과 흰색을 메인 컬러로 사용한 닭장처럼 좁고 획일화된 스타일이었다면, 이후에는 자유분방하고 일과 놀이를 혼용한 것 같은 젊은 감성의 사무실이 등장했다. 그러다 당구대, 탁구장이 들어오고 화려한 컬러가 배치된 인더스트리얼 공간이 유행하기도 했다. 그러나 어느 순간부터 그런 공간에서 피로감을 느끼는 경우도 늘어났고, 일을 하면서 누구와도 연결될 수 있는 구조가 누군가에겐 정신적인 부담까지 주고 말았다. 그렇다면 포스트 코로나 시대의 새로운 사무실은 어떻게 정의할 수 있을까?

　우리는 일상이 송두리째 바뀌고 예기치 못하게 비대면 환경에서 사는 경험을 했다. 코로나19가 잠잠해져서 거리두기가 해제되었음에도 대기업의 재택근무는 시스템화되어 점차 확산하는 추세다. 그리고 늦은 시간까지 부어라 마셔라 하는 회식 분위기가 많이 사라지고 밤늦게까지 열던 식당들도 9~10시면 문을 닫는 곳이 늘었다. 저

녁이 있는 삶의 귀환일까? 이전에 경험하지 못한 일상을 겪으며 사람들은 새로운 라이프스타일과 업무 방식에 적응한 것이다. '뉴 노멀'은 시대의 변화에 따라 새롭게 떠오르는 기준 또는 표준을 뜻하는 용어로 과거에는 비정상으로 치부됐지만 현재는 정상으로 간주되는 것을 말한다. 정형화된 과거의 업무 공간은 코로나19 발생 이전만 해도 올드 패션이었으나 코로나19 발생 이후로는 오히려 그런 공간 스타일이 현 시대에 더 적합한 형태가 됐다. 시대의 변화에 따라 업무 공간에도 변화가 필요하다. 따라서 우리는 다음과 같은 공간을 제안했다.

1. 잦은 재택근무로 인해 공적, 사적 간에 모호해진 균형을 찾을 수 있는 곳.
2. 직장동료 간의 일상적 교감 및 소통의 장이 되는 곳.
3. 온택트 활성화로 다양한 디지털 시스템을 통해 업무를 좀 더 편리하게 할 수 있는 곳.
4. 거리두기를 실천하며 직장동료 간에 원활하게 협업할 수 있는 곳.
5. 개별적인 가능성을 부여함으로써 개인 스스로의 존재를 발견할 수 있는 곳.
6. 집에서 느끼는 웰빙과 편안함을 생산활동으로 연계할 수 있는 곳.

분할된 구조의 업무 공간과 적당히 확보된 개인 간의 거리, 그에 필요한 적정 크기의 공간. 정상화된 생활로 다시 돌아오는 과정에 필요한 스마트 오피스는 이런 요건을 갖추어야 하지 않을까? 우리는 이런 사무 공간을 '체크인'하는 개념으로 연출했다. 체크인은 호텔에서 묵기 위해 개인정보를 밝히고 기록하는 절차다. 그 대신 호텔의 휘황찬란한 느낌은 지우고 편안한 조명도로 안락한 분위기, 어디선가 경험해봤던 것 같은 공간의 안정감을 느낄 수 있도록 하고 싶었다. 그래서 호텔을 떠올릴 수 있는 분위기에 '백 투 더 퓨처', 즉 '다시 돌아가자'는 개념을 더해 디자인 작업을 진행했다. 명동, 사대문 안에 자리한 지리적 특징이 있는 1980년대 건물을 요즘 방식대로 풀어버리면 당장은 눈에 띄고 신선하다고 평가받을 수 있겠지만 사무 공간이라는 공간의 목적과 현 시대 직장인들의 심리적 상태를 고려해 오히려 한 번쯤 와본 듯한 안정적인 공간으로 풀어내고 싶었다.

오래된 빌딩이라 천장고가 2.3미터 정도로 낮고, 창가에 팬코일 공조 시스템이 들어가 있는 상태였다. 엘리베이터 홀을 경계로 하여 A동과 C동이 분리되어 있는 구조인데 이를 그룹별로 구분 짓는 게 좋을 것 같았다. 또한 TF팀이 꾸려졌을 때 각 그룹이 별도의 공간에서 작업할 수 있도록 구획을 나눴고 임원이 방문했을 때 오롯이 개인 업무를 할 수 있는 공간을 명확하게 분리하고 싶었다. 이

부분은 단순히 분리하는 것보다 A동과 C동을 이동할 때 편안한 공간으로 들어간다는 느낌을 주기 위해 복도를 만들어 경계를 나누는 작업을 했다. 그리고 그 복도와 연결되는 엘리베이터 홀에는 개인 사물함을 만들어 그때그때 자리가 변경되는 직원들의 물건을 편리하게 보관할 수 있도록 했다. 입구에는 터치스크린이 가능한 최첨단 디지털 월 시스템을 설치해 자신이 이용할 수 있는 공간 정보를 쉽게 확인할 수 있도록 했다. 캔틴도 예전처럼 넓게 탁 트여 자유분방한 형태 대신 딱 필요한 것만 간결하게 놓여 있고 자유롭게 드나들 수 있는 최소한의 크기로 배치했다.

그 대신 개인 업무 공간에는 일과 휴식이 무리 없이, 자연스럽게 병행되어야 했기에 1인용 전동 리클라이너 의자와 미니 냉장고, PC 거치대, 무선 충전기, 독서등이 준비된 작업 공간을 제공했다. 누군가 이런 공간을 꼭 넣고 싶은데 젊은 직원들이 과연 눈치 보지 않고 그런 데 앉아서 편히 일할 수 있겠냐는 말을 한 적이 있다. 그래서 이 공간의 실효성을 두고 고민을 거듭했는데, 결과는 성공적이었다. 요즘 세대는 기성세대처럼 그런 눈치를 보지 않았고, 오히려 좋은 공간을 만들어주어서 고마워한다는 소식을 들었다.

오픈 공간에도 다양한 형태의 1인 업무 공간을 만들었다. 큰 테이블을 두고 파티션으로 구분 지은 1인 개방형 좌석과 유리 부스로 타인과 적당하게 분리한 공간, 모션 데스크로 이뤄진 반개방형 1인

석, 개별 모듈 데스크 책상과 파티션으로 구획된 반개방형 1인석 등으로 꾸몄다. 공간을 꾸밀 때 친환경적인 분위기를 은연중에 느낄 수 있도록 폐섬유를 이용해 만든 파티션과 친환경 마감재를 사용했다. 사무 공간이다 보니 평소 주로 선택해온 해외 브랜드보다는 한국인의 체형과 실용성에 강점이 있는 국내 산업 가구 업체 제품이 80퍼센트 이상 들어갔는데 퍼시스와 오름앤컴퍼니와 함께 일을 하며 덕분에 국내 가구에 대한 편견도 많이 없어졌다.

그룹 공간은 전체 회의나 화상회의를 할 수 있는 메인 콘퍼런스 룸을 필두로 독립 미팅 룸, 간단한 미팅 업무를 할 수 있는 워크 부스, 폰 부스, 예약 시스템으로 사용 가능한 각기 다른 특성의 팀워크 위주의 공간을 만들었다. 팀워크 위주의 공간은 마치 호텔처럼 룸 컨디션을 다르게 설정해 시티 뷰, 마운틴 뷰 같은 이름을 붙였다. 공간마다 에어드레서와 커피 머신이 있고 어떤 방은 미니 냉장고도 있다. 일하러 온 직원들에게 호텔 룸을 예약하듯 업무 공간을 선택할 수 있는 재미를 선물하고 싶었다. 캔틴 뒤에 자리한 대형 화상 회의실은 젊은 감성을 느낄 수 있도록 천장에 초록색 레진 소재의 격자 디테일을 넣었다. 또한 오픈된 공간이다 보니 집중도를 높이기 위해 화상회의 시스템이 빌트인된 벽을 과감히 곡면으로 마감했다. 라운드 형태의 벽, 바닥의 타일 모양과 소재, 조명과 조명도 등도 섬세하게 작업했다. 룸들은 통유리창으로 구분 지었는데,

사무실에서 일반적으로 사용하는 블라인드 대신 커튼을 달아 회의 공간을 더 아늑하게 연출했다.

솔직히 처음 작업하는 오피스 공간이기에 단번에 고객의 마음을 사로잡아 더 많은 사람의 입에 오르내릴 수 있는 요소를 넣어 포트 폴리오에 넣기 좋은 공간, 즉 이슈 몰이를 할 수 있는 오피스를 만들고 싶은 욕심도 있었다. 하지만 이 프로젝트에 그런 방향은 맞지 않는다고 생각했기 때문에 시대를 반영해 디자인하기로 결정했다. 그런 양가감정 사이를 줄타기하듯 조율하며 작업하는 것이 초반의 방해요소였다. 단호하게 당초의 목표대로 갈 수 있었던 데는 SK D&D 팀이 회의나 미팅 때마다 자신들의 요구사항을 정확하게 파악하여 알려주고 내부의 의견을 전달하되, 디자인 측면에서는 전적으로 우리를 믿어주어서 더욱 확신을 가지고 일을 진행할 수 있었다.

일이 마무리되고 한참 뒤 관훈빌딩에서 일하는 직원분으로부터 인스타그램 DM이 온 적이 있다. "제가 제일 많은 시간을 보내고 있는 공간인데 종킴디자인스튜디오가 한 것인지 몰랐습니다. 감사합니다." 사용자의 마음을 얻고 그 마음을 직접적으로 전달까지 받았을 때의 쾌감은 이루 말할 수 없이 컸다. 이 기쁨은 앞으로 나아가게 하는 가장 큰 동력이 되기도 한다. 이곳에서 각자 맡은 일을 하며 미래를 그리고, 성장할 사람들을 생각하며 공간의 아이템을 선정하고 조명도까지 일일이 체크했던 시간은 나에게도 소중한 순

간이었다. 항상 누군가에게 선물하는 마음으로 공간 디자인에 임한
다. 이번에도 좋은 선물을 전한 것 같아 뿌듯하다. 선물에 대한 보
답일까. 이 프로젝트를 마친 후에 물꼬가 터져 현재 타사 사업장 전
체를 리노베이션하는 프로젝트 등 업무 공간 분야의 프로젝트도
맡게 됐다.

| 의뢰 **김남주바이오** | 내용 **약국 및 플래그십 스토어 디자인** | 면적 **228.5제곱미터**
| 장소 **서울특별시 강남구 논현동** | 완공 **2023년 1월**

김남주바이오에서 연락을 받았을 시기에 나는 개인 클라이언트에 대한 갈증을 느끼고 있었다. 기업과 일할 경우엔 보고 라인이 많아 프로젝트가 길어지거나, 담당자마다 디자인을 따로 평가받는 기분이 들 때가 있는데 개인 클라이언트는 대개 처음부터 우리 스튜디오를 믿고 연락하는 것이기 때문에 상대적으로 마음이 좀 더 편하다.

김남주바이오는 처음 의뢰 메일에서 자신들이 어떤 브랜드를 운영하고 있고, 지금 공간을 어떤 이유에서 바꾸고 싶은지 참고사항을 일목요연하게 정리해서 연락을 주었다. 연락하신 분은 김남주 박사님의 따님으로, 현재 약사인 어머니와 자신을 포함한 두 자매가 함께 김남주바이오를 이끌고 있었다. 그는 현재 운영 중인 약국과 오피스 건물을 전체적으로 리모델링하고 싶다고 했다.

나는 '김남주바이오'라는 브랜드에 대해 의뢰를 받고 알게 됐지만, 주변 사람들 중 나이가 좀 있는 분들은 대체로 알고 계셨다. 가족들과 식사하는 자리에서 이런 일을 맡게 되었다고 말씀드렸더니 어머니도 잘 알고 계신 브랜드라며, 내가 초등학교를 다니던 시절에는 아동용 한약 제품으로 유명했다고 하셨다. 생각보다 대중적으로 꽤 친근한 이미지가 있는 브랜드라는 생각이 들었고, 약국도 병원처럼 아픈 이들이 찾는 공간으로 좋은 일보단 가기 싫어도 목적을 가지고 방문할 수밖에 없는 곳이기에 어떻게 편안하고 친근하게 풀어낼지에 초점을 두고 고심했다.

서로의 안부를 묻는 공간

박사님과 두 따님을 모시고 함께 미팅을 했는데 LPGA 플래그십 작업을 했던 건물의 하나 건너 옆 건물이었다. 1층에는 우리가 익히 아는 약국이 있었고, 2층으로 올라가면 김남주 박사님이 진료를 보고 김남주바이오에서 만든 제품을 처방하는 등의 업무를 보는 공간이 있었다. 3층에는 직원용 오피스 공간이 따로 마련되어 있었다. 하지만 당시 2층은 휑하게 비어 있어 활용성이 떨어져 보였고, 박사님은 1층 약국 뒤편에 마련된 자리에 주로 머무시는 것 같았다. 박사님은 한국의 약사, 중국의 중의사 겸 중의학 박사, 미국의 오리엔탈 메디슨 닥터 등 3개국에서 학위와 면허를 딴 동서양 의약 융복합 전문가로 양한방을 접목해 치유방법을 찾는 분으로 잘 알려져 있다. 그 때문에 한약을 필수적으로 취급하다 보니 약국은 한약 달이는 냄새와 약국 특유의 냄새가 뒤섞여 매우 혼잡한 상태였다. 현장을 처음 봤을 땐 어떻게 정리해야 할지 막막하기까지 했다. 그러나 이러한 혼합된 양약의 냄새와 한약의 온기가 김남주바이오만의 철학이고 디자인을 풀어나가는 열쇠라는 생각이 들었다.

박사님의 역사와 고객들을 만나며 하고자 하는 이야기를 매장이라는 공간에 담는 작업이 처음엔 부담스러웠다. 연구에 한평생을 바치고 지금도 항상 공부하는 삶을 사시는 분의 공간을 어떻게 표현하면 좋을지 고민한 끝에 이곳에서 할 수 있는 경험 그 자체가 굉

장히 신비로운 것이라는 답이 도출됐다. "우리가 경험할 수 있는 가장 아름다운 것은 신비로움이고 그것은 모두 진실과 과학의 근원이다"라고 한 알베르트 아인슈타인의 말에서 아이디어를 얻었다.

"소장님, 식사하셨어요?" 미팅을 하러 가면 박사님은 항상 식사를 했는지 물어보셨다. 단순히 밥을 먹었는지 사실 여부를 묻는 게 아니라 그간 별 탈 없이 지냈는지, 건강에 문제는 없는지 등 포괄적인 안부를 묻는 한국식 인사였다. 바쁜 와중에도 여유를 가지고 상대방의 안부를 묻는 마음은 어려운 자리에서 마음을 풀어지게 만드는 좋은 윤활제다. 나에게 박사님의 그 자상한 안부 인사가 마음에 남았는지 김남주바이오의 새로운 공간도 이렇게 서로 다정한 안부를 건네는 장소였으면 좋겠다는 생각이 들었다. 이전에 작업했던 피부과 병원 같은 경우는 아름다워지고 싶어 찾는 사람이 많았다면, 약국은 아픈 사람이 찾는 경우가 대부분이기 때문이다.

미팅과 자료 스터디를 통해 정의한 김남주바이오는 평생을 바쳐 쌓은 경험과 지혜를 이웃과 나누고, 질병의 원인을 밝혀내려는 진실한 마음을 가지고 근본적인 해답을 찾기 위해 노력하는 브랜드였다. 그래서 공간 디자인의 키워드를 첫 번째는 사람, 두 번째는 진실, 세 번째는 근원으로 잡았다. 단순한 약국이 아닌 건강증진을 도와주는 한의학 기반의 환을 판매하는 김남주바이오라는 브랜드에 대한 브랜딩 작업도 같이 들어가야 했기에 약국과 김남주바이

오를 층별로 명확하게 구분하고자 했다.

먼저 입구. 건물 입구는 보행 길과 맞닿아 있어 반 계단을 올라가 약국으로 들어가는 구조였는데, 인도와 약국의 높이가 달라 근거리 쇼윈도의 역할이 불가능한 상태였다. 우리는 많은 기능이 혼재되어 어수선한 약국의 전면을 이동식 나무 패널로 모두 막아 정돈하는 것이 가장 급선무라고 생각했다. 그 대신 외관만 보고 김남주바이오에서 운영하는 약국임을 단번에 알 수 있도록 나무 패널에 김남주바이오의 로고 디자인에 사용된 패턴을 넣었다. 일반적인 약국의 느낌이 나지 않고 약국 로고 사이니지 하나로 찾을 수 있는 곳으로 만들고자 한 의도였다. 전면의 나무 패널은 슬라이딩 패널이기 때문에 필요에 따라 열고 닫을 수 있어서 활용도도 높았다. 또 약국 뒤편에 조그마한 마당이 있어 자연을 좋아하시는 박사님이 소소한 가드닝을 하며 쉴 수 있는 서프라이즈 공간도 조성할 수 있었다. 앞은 막혀 있지만, 뒤편엔 박사님만의 공간이 열리는 셈이다.

약국 내부는 우드 소재와 하이테크적인 분위기를 자아내는 미러 소재를 적절히 섞어 동서양의 요소가 적절히 융합된 브랜드의 특징을 표현하려고 했다. 전체적으로 우드 톤과 베이지 톤을 써서 밝고 단정한 이미지를 주었고, 거기에 김남주바이오의 제품 패키지 색상인 딥블루 컬러를 포인트로 사용했다. 우드 소재 사이에 블루 계열의 컬러를 섞으면 한층 차분하고 진중하면서 고급스러운 이미

지를 연출할 수 있다. 또 대개의 약국에는 손님이 직접 보고 바로 구매할 수 있도록 고객 대기 공간에 상품이 진열되어 있는데, 이곳에서는 조제실 안쪽으로 모든 상품을 넣어 고객 대기 공간은 상담과 대기만을 위한 깔끔한 공간으로 두었다. 그 대신 벽면에 쇼룸처럼 진열장을 만들고 김남주바이오 제품을 진열해 홍보 효과를 냈다. 특히 천장 디테일에 심혈을 기울였는데, 천장에 설치할 구조물이 꽤 커서 천장의 높이 확보를 위해 노출 천장으로 할 수밖에 없었다. 꽤나 크고 묵직한 기둥 같은 구조물이 버티고 있었는데, 이 기둥들을 완벽히 제거하기보다는 서까래처럼 형태를 유지하도록 하고, 간접조명을 위로 쏘아 올려 천장에 깊이감과 공간감을 풍성하게 더했다.

1층의 약국 대기 공간에서도 김남주바이오의 철학을 느낄 수 있도록 한약에 들어가는 성분에 대한 설명서와 시음대를 두었다. 포근하게 감싸진 형태의 라운지에서는 뒷마당이 보이며 박사님과 간단한 상담도 가능하다. 동서양의 융합이라는 철학을 각 층의 화장실에도 표현하고자 했다. 김남주바이오만의 네이비 컬러 인조석을 이용하여 화장실을 현대적으로 만들고 원목의 질감을 그대로 살린 타일로 동양의 미를 표현했다.

2층은 온전히 김남주바이오의 플래그십 스토어로 쓸 수 있도록 만들었다. 한쪽에는 제품을 구매할 수 있는 공간을 두고, 다른 한쪽

에는 김남주 박사님의 업무 공간을 별도로 만들었다. 작업하는 내내 클라이언트가 행복한 공간을 만들고 싶다는 마음으로 가득했다. 그래야 아픈 사람들이 왔을 때 그 행복이 전이되어 아픔도 빨리 나아질 거라고 여겼다.

공간을 오픈하는 날 박사님이 오셔서 기쁨의 눈물을 흘리셨다. 자신이 평생 노력한 것에 대한 보상을 받은 것 같다며 정말 고맙다고 하셨다. 작업을 마치고 감사 인사나 선물을 받는 일은 자주 있었지만, 클라이언트가 눈물을 흘리며 감동하는 모습을 보니 내가 왜 이 일을 하고 있는지에 대한 근본적인 깨달음이 떠올랐다. 사업 초창기에는 계약을 하나 따면 기뻐서 며칠을 기대와 설렘, 행복한 두려움을 동시에 느끼며 활기차게 일했는데 어느 순간부터 너무 바빠지고 일이 쌓이다 보니 프로젝트를 끝낼 때마다 얻는 만족감이나 쾌감이 줄어든 게 사실이었다. 무언가가 고갈되고 있음을 느끼며 불안과 두려움이 커지는 것 같았다. 그런데 박사님이 느낀 감동이 내게 고스란히 전달되며 일에 대한 열정과 의욕이 다시 되살아나는 듯했다. 그 순간 약이 아닌 감정으로도 치유될 수 있음을 깨달았다.

일을 시작할 때 지하 주차장 공간부터 지하 약국, 사무실 옥상 공간, 외부 파사드 리노베이션까지 포함하여 설계했다. 하지만 최종적으로 공간의 반만 진행하게 됐다. 설계자로서 많이 아쉬웠지만,

마음이 건강해지는 작업이었다. 이곳을 찾는 고객도 박사님의 다정함과 관심, 따뜻한 보살핌으로 나와 같은 치유의 경험을 할 수 있길 간절히 바란다. 많은 분들이 우리가 경험할 수 있는 가장 신비로운 경험을 새로운 공간에서 김남주바이오라는 브랜드를 통해 꼭 느껴 보셨으면 좋겠다.

| 의뢰 HDC LABS | 내용 **공유 오피스 디자인** | 면적 **204.4제곱미터**
| 장소 **서울특별시 구로구 고척동** | 완공 **2023년 3월**

Walk to COMPASS Have a Flow Life

콤파스

파인다이닝처럼 공들여 차려진 일터

11

현대산업개발 랩스로부터 공유 오피스를 계획하고 있다는 연락을 처음 받았을 때는 세부적인 내용이 전혀 정해지지 않은 상태였다. 그래서 HDC LABS에서 운영 중인 고척 아이파크몰 내의 일부 공간을 공유 오피스로 만들 계획이라는 정보만 가지고 부동산 개발팀과 미팅을 했다. 이야기를 들어보니 몰 내에 브랜드가 입점하기에 다소 적합하지 않은 장소가 있어 그 공간을 공유 오피스로 만드는 프로젝트였다. 네이밍 작업은 진행 중이었고, 홈페이지 가이드 라인부터 로고 디자인, 운영까지 아우르는 전략기획서가 필요하다고 했다. 고척 아이파크몰 내에 공유 오피스를 만든다는 아이디어가 신선했고 전략적으로 재미있게 작업할 수 있을 것 같아서 제안을 받아들였다.

파인다이닝? 파인오피스!

공유 오피스의 이름은 콤파스COMPASS로 정했고, 이 이름은 도면에 원을 그릴 때 중심축을 잡기 위해 사용하는 도구인 콤파스에서 가져왔다. 이곳의 지역적 특징을 고려해 어떤 공유 오피스가 필요한지 고민하면서 콘셉트를 잡으려고 했다. HDC아이파크몰은 고척점을 오픈하며 '더 나은 삶으로 성장Life grows better'이라는 캐치프레이즈를 내걸었다. '지역 주민의 삶을 성장시켜주는 트렌드 콘텐츠를 만날 수 있고 일상의 편의와 즐거움을 제공하는 휴식 공간이 있는 곳, 문화와 소통의 중심지로 지역 커뮤니티를 구축하겠다'는 것이 이들의 목표였다. 우리는 콤파스가 이런 가치를 담는 한 축이 됐으면 하는 바람으로 전략서를 썼다.

우리 팀은 제일 먼저 '파인오피스'라는 개념을 떠올렸다. 우리는 파인오피스를 모든 업무 형식을 만족하는 나만의 공간이자 지역적 특성과 문화를 연결하는 공간으로 정의했다. 마치 전채요리, 메인요리, 디저트의 순으로 나오는 파인다이닝 식사처럼 한곳에 모든 것이 준비되어 있으니 각자 원하는 업무에 따라 골라 사용하면 되는 오피스를 표방했다. 패스트오피스는 카페에서 쉽게 일하는 구성으로 만들고 캐주얼오피스는 기존에 존재하는 공유오피스의 브랜드로 만들고 싶었다. 이렇게 콘셉트를 잡고 공간을 구성하기 전에 이곳을 이용할 가상 인물인 페르소나를 떠올려봤다. 과연 이 공유오피스를 어떤 사람이 찾을까? 고척은 신도시로 전형적인 베드타운bed town• 지역이다. 때문에 아파트 단지가 즐비해 아이파크몰을 찾는 고객 중 주부가 많으므로 공유 오피스 역시 재택근무자를 비

• 대도시 주변에 위치해 낮에는 사람들이 대도시로 일을 하러 빠져나가고 밤이면 휴식을 취하기 위해 돌아오는 주거 타운을 뜻한다.

롯한 프리랜서, 학생, 자기계발을 하려는 사람이 많이 찾을 거라고 예상했다. 이런 사람들의 성향이나 업무적 특성은 각기 다를 것이다. 개중에는 크리에이터나 유튜버도 있고 인플루언서, 사업가, 기획자도 있을 것이다. 따라서 이곳의 페르소나로는 꼭 사무적인 업무에 국한되지 않은 '크리에이터'가 적합하다는 결론을 내렸다. '꿀주부'라는 생활 브이로그 유튜브 채널에서 착안해 거기에 등장하는 호스트인 꿀주부 같은 분들이 이곳을 이용하는 고객과 비슷한 결이라고 생각했다. 그래서 이런 크리에이터가 여기에서 콘텐츠 준비에 필요한 기획을 짜고 업무를 보는 일을 할 수 있게 만들려고 애썼다. 자기만의 경험과 노하우를 콘텐츠로 만들어 판매하는 사람. 그런 사람들이 모이는 공간이면 좋을 것 같았다.

일반적인 오피스 대신 명확한 브랜드 아이덴티티를 담고자 삼차원적인 공간을 상상해봤다. 유연하고 자유로운 플로를 담은 공간이면 좋겠다는 생각에 공기의 흐름을 느낄 수 있는 하늘색을 키 컬러로 잡았다. 고척 아이파크몰의 1층 공간은 천장고가 6미터 80센티미터에 달해 복층을 만들 수도 있는 높이였지만 건축법상 복층으로 하는 것은 불가능했다. 공간을 꾸릴 때 천장고가 높은 것이 늘 좋은 것만은 아니다. 쓰임에 따라 장단이 있는데, 집중이 필요한 업무 공간에서는 오히려 천장고가 낮아야 밀도 있는 분위기가 형성된다. 우리는 제일 먼저 천장고를 점점 낮아지는 형태로 만들기 위해

천장의 마감재를 덧대어 뻥 뚫린 공간을 일부 막아 개방감을 줄이고 집중도를 높일 수 있도록 만들었다. 천장에 콤파스 영문 로고를 매달아 띄운 방식을 택해 높이를 좀 더 낮출 수 있었다. 키 컬러인 하늘색으로 가득 채운 공간에 노랑, 주황, 초록, 보라 등 톡톡 튀는 색을 포인트로 썼는데, 유치하지 않고 유행을 타지 않게 작업하려고 미세한 톤 조정을 거듭하며 심혈을 기울였다. 자칫 힙하게 보이려 애쓴 공간처럼 비칠 수 있기에 한 끗 차이 디테일에 공을 들였다.

입구로 들어오면 맨 먼저 안락한 소파가 있는 호텔 라운지 같은 공간인 '밍글 라운지'가 펼쳐진다. 그 뒤로 업무 공간인 '콤파스 존'이 자리한다. 다양한 이유로 이곳을 찾는 이들이 자신이 원하는 공간을 선택할 수 있도록 대여할 수 있는 사무 공간을 네 가지 형태로 구성해 줬다. 각 공간은 콤파스의 각도에서 영감을 받아 0도, 90도, 180도, 360도로 이름 붙였고 공간별로 각도를 제한하여 포지셔닝을 달리했다. 0도는 핫 데스크Hot-desk*, 90도는 바 좌석, 180도는 부스, 360도는 룸 형태의 공간이다. 작업 공간은 직접 제작한 모듈 가구로 채웠다. 공간별로 책상 높이나 의자 형태에 따라 앉는 위치가 달라지게 했고, 밀폐되거나 개방되는 구성에 따른 차이도 세심

●   지정된 자리 없이 원하는 자리에 앉아 업무를 볼 수 있는 체계를 뜻한다.

하게 조정했다. 발 아래 쪽에 신발을 넣어두고 작업할 수 있는 받침을 만들어 넣어 마치 집이나 호텔에서 일하는 것처럼 슬리퍼를 신고 편하게 시간을 보낼 수 있도록 했다. 업무 공간 외에도 콤파스가 자리한 지역적 특성에 따라 게임이나 운동 등을 하며 휴식할 수 있는 여가 공간 '타이니 스튜디오'를 따로 마련했고 미팅 룸, 비디오 콜이 가능한 회의실과 폰 부스도 알차게 넣었다. 간단한 식음료를 즐기는 공간인 캔틴과 락커에도 조명의 조명도와 색상 하나까지 신경 써서 작업했다.

리테일 공간이 아닌 사무 공간으로, 과감하게 색을 쓰다 보니 과연 우리의 선택이 맞는지, 우리가 내린 결정이 맞는지에 대해 공사가 시작되면서 매일 밤 고민이 이어졌다. 그래서인지 시간만 되면 마지막에는 현장에 가서 색을 확인하려 했고 우리의 믿음이 브랜드의 확신이 되기를 바랐다. 현대산업개발 랩스 팀과 함께 일하면서 협업의 좋은 자세를 다시금 배울 수 있었다. 일례로 우리 같은 예체능계 사람들은 공기의 흐름을 표현하려고 하늘색을 넣었다고 하면 그 분위기나 느낌으로 이해를 하지만, 이공계 사람들은 왜 공기의 흐름이어야 하는지, 왜 하늘색이어야 하는지가 데이터화되어야 공감할 수 있었다. 그런데 이분들은 때때로 이해가 되지 않는 점이 있으면 우리의 설명을 경청하며 이해해보려고 노력했다. 우리 팀 역시 그들의 스타일로 스토리텔링을 촘촘하게 쌓고 서로 의

견을 주고받으며 맞춰나갔다. 그렇게 만든 전략서를 갖고 보고하는 자리에 들어갔을 때 한 임원분이 이미지가 너무 세다고 부정적인 피드백을 내자, 랩스 팀원들이 오히려 "그건 개취(개인 취향)일 뿐 브랜드 전략상 필요한 부분"이라고 말하며 우리의 전략에 설명을 보태 힘을 실어주었다.

작업이 끝난 뒤 콤파스를 보고 많은 분들이 종킴디자인스튜디오가 대단한 게 아니라 이 작업을 끝까지 믿어준 클라이언트가 대단하다는 의견을 주었다. 그 정도로 과감하게 색을 쓴 파격적인 프로젝트를 진행하며 다소 긴장도 했지만, 끝까지 믿어주고 힘을 실어준 분들이 계셨기에 완성할 수 있었다. 전혀 다른 세계의 사람들이 만나 만들어낸 것이기에 그만큼 뿌듯함도 컸다. 콤파스 홈페이지에 종킴디자인스튜디오가 브랜드 디렉팅을 했다는 내용이 표기되어 기뻤고, 오픈 이후 담당자가 매출 현황자료도 보내주어 작업에 대한 후속평가도 할 수 있었다. 로고부터 BI, 전체적인 브랜드 방향성 정립과 앱 개발, 홈페이지 개발까지 같이 작업한 만큼 정말 소중한 기억으로 남는 프로젝트다. 앞으로 지점이 빠르게 늘어나 다양한 생활권에서 콤파스를 만날 수 있길 기대해본다.

| 의뢰 SPC 그룹 | 내용 **오피스 디자인** | 면적 6,856.1제곱미터
| 장소 **서울특별시 강남구 도곡동** | 완공 2023년 7월

'독보적이다'라는 말을 좋아한다. 우리 회사도 업계에서 독보적인 존재가 되길 바라고, 김종완에 대해서도 독보적인 사람이라는 인상을 받았으면 좋겠다는 생각을 한다. 독보적이라는 단어가 대체 불가능하다는 뜻을 내포하고 있어 해석에 따라 부정적으로 들릴 수도 있겠지만, 맡은 일을 그만큼 잘한다는 뜻이기도 하다. 그래서 항상 "종킴디자인스튜디오는 독보적이다" "이 일은 그 회사밖에 못 해"라는 말을 듣고 싶다. 내가 생각하는 '독보적'인 인물은 항상 흐름을 앞서가며 유연하게 사고하고 대화를 하다 보면 동경하게 되는 사람들이다. 요즘 크리에이티브 디렉터의 업무에 대한 관심이 생기면서 공간의 설계보다 전략적이고 재미있는 디렉팅에 관심이 간다. 점점 프레젠테이션의 페이지가 설계 페이지보다 두꺼워지면서 팀원들이 부담스럽다고 이야기하는데, 이런 부분이 앞으로 우리 스튜디오가 나아갈 방향이라고 생각한다. 그래서 앞으로 여러 마케팅 회사와 협업하여 다양한 방식의 디렉팅 전략을 더 제시하려고 한다.

그러던 와중에 SPC 그룹이 도곡동 사무실을 확장 이전할 예정이니 프로젝트를 맡아달라고 했을 때 흔쾌히 하겠다고 한 것도 이 그룹에 대한 독보적인 인상 때문이었다. SPC 그룹은 파리크라상, 배스킨라빈스, 던킨도너츠, 삼립 등의 브랜드를 운영하고 있는 국내 식음료산업의 독보적인 존재다. 이런 그룹은 어떻게 일하는지 궁금

했고, 또 그들의 사무실을 흥미롭게 바꿀수 있다면 흐뭇한 일이 될 것 같아 프로젝트를 하기로 결정했다. 각 층의 공간별로 인원을 따져봤을 때 조금은 어려운 콘셉트일 수도 있지만 SPC 직원 전체가 크리에이티브 디렉터가 되는 오피스를 만들겠다는 포부를 가지고 작업을 시작했다.

경계 없는 소통의 중요성

SPC 그룹 브랜드 중에서도 비알코리아와 섹타나인의 사무실을 확장 이전하는 프로젝트였기에 사전 조사를 위해 매장을 방문했다. 비알코리아에서 운영하는 배스킨라빈스 몇 곳을 둘러봤는데 내가 생각했던 동네 아이스크림 가게가 아니었다. 그사이 매뉴얼도 많이 바뀌었고, 첨단화된 시스템과 지역별로 특성을 고려해 디자인된 매장, 발 빠른 컬래버레이션 제품 등 많은 것이 바뀌어 있었다. 외국 브랜드이지만 다양한 방식으로 현지화되어 우리의 일상에 깊숙하게 자리 잡고 있었다. 섹타나인은 IT 서비스 및 디지털 마케팅을 총괄하는 SPC의 계열사다. 시대의 흐름에 맞춰 재미있고 다양한 시도를 많이 하고 있으므로 직원들에게 창의적인 공간이 필요하다고 생각했다. 도곡동에 있는 기존 SPC 사옥에서 디자인실 전무님과 처음 미팅했을 때 정말 많은 아이디어가 오갔다. 그렇지만 그 일을 하는 사무실은 고리타분하고 딱딱하게 느껴졌다. 구성원 모두가 경계 없이 자유롭게 소통하고 지식을 공유하며, 각자 크리에이티브 디렉터의 역할을 할 수 있는 공간이 되기를 바라며 프레젠테이션을 구성했다.

SPC 신사옥의 페르소나는 크리에이티브 디렉터였다. 루이비통에서 뮤지션 퍼렐을 크리에이티브 디렉터(CD)로 선택한 것처럼 문화를 통찰하는 사람이면 누구나 CD가 될 수 있는 것이다. 좋은 CD는 어떻게 일할까? 그들은 독단적이지 않고 팀워크를 중시하며 함께하는 업무 방식을 추구한다. 몇몇 매체와 전문가 그룹이 이끌던 트렌드는 이제 온라인 커뮤니티와 소셜 네트워크에 익숙한 사용자들의 등장으로 빠르게 사라졌다. 티파니 X 나이키처럼 서브컬처와 럭셔리 산업이 컬래버레이션을 하는 경우는 놀라운 일도 아니다. 이 사무실에서 일하는 모든 구성원이 스스로 크리에이티브 디렉터라고 생각하고 일한다면 더 창의적인 결과물이 나올 수 있다고 생각했다. 개개인이 아닌 모두가 정정당당하게 경쟁할 수 있는 세상으로 만드는 것을 목적으로 작업했다.

양재천 인근에 있는 오피스 빌딩 내 1층 로비와 사무실 한 섹션, 7층의 임원실을 디자인하기로 했다. 우리가 제안한 사무실 디자인 설계도를 나머지 공간에도 적용하기로 했다. 대다수 프로젝트와 마찬가지로 입주 시기가 임박하여 SPC의 다양한 내부 팀과 긴밀하고도 빠르게 아이디어를 주고받았다. 크리에이티브 디렉터를 메인 키워드로 두고 작업을 진행했다. 로비에는 직원들이 오가는 공용 공간과 함께 아이스크림 개발 및 체험, 구매가 가능한 '딥프리즈'와 이커머스나 유튜브 방송 등을 할 수 있는 오픈 세트장 '스튜디오 나인'을 두었다. 전시장처럼 천장고가 높고 통유리로 되어 있는 로비의 장점을 살려 대형 미디어월을 설치하고 입구에는 디지털 화면과 상반되게 미국 아티스트 애니 모리스의 설치 작업을 두어 차를 타고 지나가면서도 SPC의 역사와 미래지향적 모습을 볼 수 있도록 했다.

개인적으로 좋은 마감재로 간결하게 꾸민 공간에 아트피스 한두 점을 넣는 방식을 좋아하는데, 불규칙하게 쌓아 올린 애니 모리스의 컬러풀한 구의 형태가 마치 스쿠프로 뜬 아이스크림 같아 잘 어울릴 것 같다는 생각이 들었다. 미디어아트는 세계적으로 실력을 인정받은 디스트릭스에 의뢰해 제작했다. 이 모든 요소가 창의적인 시도를 하고 있는 SPC를 상징하는 것 같았다. 로비의 데스크는 배 형태로 디자인해 새로운 길을 계속해서 개척하고 순항하는 그룹의 이미지를 담았다. 미래적인 분위기의 첨단 미디어아트와 작가가 손으로 작업한 클래식한 아트피스가 한 공간에 있는 장면을 보니 마치 전시장에 와 있는 듯한 기분이 들어 브랜드의 이미지가 한층 더

업그레이드된 듯한 인상을 받았다.

2층부터 8층까지 위치한 사무실의 앰비언스 북*을 만들면서는 공간에 많은 색을 사용하지 않고 포인트 컬러를 넣어 유행을 타지 않게 했다. 안정감이 느껴지는 아이보리 컬러를 메인 컬러로 하여 다양한 소재를 사용했고, 입구와 공용 공간의 기물 등에는 붉은색으로 포인트를 주어 자칫 뉴트럴 톤으로 밋밋해 보일 수 있는 공간에 위트를 더했다. 개인 사물함과 업무 공간에도 풍성한 간접 조명을 써서 편안한 분위기를 연출했다. 사무실을 사용하는 사람이 많기에 다양한 시도를 할 수 없었고 규격화된 사무 공간을 필수적으로 만들어야 했지만 그래도 최대한 민주적인 공간을 만들고 싶었다. 고민 끝에 제일 좋은 명당을 제3의 공간으로 만들기로 했다. 코너에 자리한 핫데스크는 전망이 탁 트여 있어 빛도 잘 들어오고, 회의실 형태로도 쓸 수 있다. 사원부터 임원까지 언제든지 들어와서 함께 소통할 수 있는 공간이 제일 상석에 있는 셈이다. 보통 그런 구역은 임원급 사무실이 되지만 이번만큼은 차별화를 하고 싶었다. 그 옆에 코워킹 스페이스처럼 긴 테이블을 두어 개인 책상에서 일하다가 공간 전환이 필요한 순간에 여기에 와서 자유롭게 일할 수

● 마감재 박스를 뜻한다.

있도록 만들었다. 사무실 프로젝트를 하다 보면 업무 공간을 직접 사용하는 사용자와의 대화를 통해 작업이 발전된다는 느낌이 든다. SPC 사옥도 작업 기간은 짧았지만 구성원들과 빠르고 유의미한 소통을 통해 큰 만족을 얻을 수 있었다.

준공 촬영 날, 한두 명씩 기존 사옥에서 5분 거리에 있는 새로운 공간을 보러 모이기 시작했다. 이사 준비를 위해 자신의 자리를 확인하기 위해 왔다. 이곳저곳에서 좋아하는 모습들이 보였다. 그리고 촬영 당일 거짓말처럼 옆 숲에서 아름다운 장수풍뎅이 한 마리까지 날아와 새로운 곳에서의 시작이 완벽해졌다.

3부

SI :: 정체성을 발견하는 공간

| 의뢰 헤라 | 내용 SI 가이드 라인 디자인 | 면적 26.2제곱미터
| 장소 서울특별시 영등포구 영등포동 신세계백화점 타임스퀘어 | 완공 2020년 6월

헤라

당당하고 용감한 서울리스타

13

GE
E

혜라는 설화수 스파와 아모레퍼시픽 홍콩 스파 매장 작업 당시 같이 일했던 디자인 팀장님이 직접 연락을 주셔서 진행하게 됐다. 그에게서 세 번째 작업 의뢰가 온 것인데, 같이 작업했던 클라이언트가 다시 나를 찾아주어 신뢰를 받고 있다는 생각이 들었고 더욱 열심히 해야겠다는 욕심이 생겼다. 혜라는 내가 작업하기 전까지 우리나라를 대표하는 배우인 전지현 씨를 모델로 내세우고 있었다. 그러다 타깃층을 MZ 세대로 변경하면서 아이돌 그룹 블랙핑크의 제니로 모델을 바꾸었고 공간 디자인도 새로 하게 됐다. 이전의 숍 아이덴티티(SI) 디자인이 세련되고 기품 있는 여신 이미지였다면, 이제는 '제니 블랙'이라고 하는 블랙 컬러를 내세워 이십 대 한국 여성의 당당하고 용감한 이미지로 바꾸려는 신호탄을 쏠 준비를 하고 있었다. 개인적으로 박찬욱 감독이 만들었던 혜라의 서울을 주제로 한 광고의 영상미에 푹 빠졌던 팬으로서, 이번 새로운 브랜딩 작업에 대한 기대가 컸고 이 작업에 참여할 수 있어 영광이었다.

'서울리스타'의 첫인상

아모레퍼시픽은 브랜딩과 디자인이 지니는 파워를 잘 알고 있었다. 본사 건물 설계도 세계적인 건축가 데이비드 치퍼필드에게 맡겼고, 가끔 본사로 미팅을 갈 때 이용하는 엘리베이터는 모두 새하얀 인조 대리석으로 만들어져 있었다. 조명 하나도, 남자 화장실의 소변기마저도 꼼꼼히 골랐다. 이런 메이저급 브랜드는 브랜드 리뉴얼을 할 때 대체로 해외 설계사에게 일을 맡기는데, 이번에는 나에게 맡긴 것이다. 아마도 한국에 사는, 특히 서울에 사는 20대를 제대로 해석할 수 있는 해외 회사를 찾기 어려웠기 때문일 것이다. 마감이 얼마 안 남은 시점이었지만, 뷰티 분야의 일도 해봤던 경험이 있어 일을 맡기로 했다. 개인적으로는 기초 제품을 다루는 브랜드와 협업을 해봤으니 색조 관련 작업도 해보고 싶었다.

헤라의 서브타이틀은 '서울리스타Seoulista'다. 글로벌 패션, 화장 트렌드를 이끄는 서울 여성이라는 뜻으로 '파리지앵'처럼 한 도시의 이미지를 대표하는 뉴 아이콘으로 이해하면 된다. 아시아의 아름다움을 대표하는 헤라의 중심은 서울과 그 도시를 빛내는 여성들이다. 이 스토리와 박찬욱 감독을 함께 담은 광고는 큰 호평을 받았다. "도시의 표정은 그 도시의 여자와 닮았다"라는 내레이션으로 시작해 서울 곳곳의 풍경과 그 속의 여성들을 보여주며 팝가수 시아의 〈Dressed In Black〉이 흘러나오는데, 카피, 화면, 음악이 모두 완벽히 조화를 이룬다. 이미 탄탄한 스토리를 가진 헤라의 서울리스타를 어떻게 새롭게 해석할 것인가가 우리의 과제가 됐다.

가장 먼저 떠오른 이미지는 속도감이었다. 어떤 도시보다 빠르게

변화하는 서울의 속도감에 대해 얘기하고 싶었다. 전통적이면서도 가장 빠르게 변하고, 평화로우면서도 복잡한, 고요하면서도 활기찬 서울의 모습. 그런 첫인상에 대한 이야기를 하고자 했다. 헤라라는 브랜드 자체가 하나의 이미지로 정의된다기보다 이상과 현실을 오가는, 유기체적인 이미지로 보이기 때문이다. 헤라의 패키지를 비롯한 심벌, 로고 리뉴얼 작업에서 볼 수 있는 패턴 요소들이 있었는데, 그 작업에 숨겨진 상징과 의미도 담고자 했다.

개인적으로는 한국전쟁 이후 눈부신 경제 성장을 이뤄낸 한국이 요즘 새로운 2막을 여는 것 같다고 느낀다. BTS, 영화 〈기생충〉, 드라마 〈오징어 게임〉 등 세계를 사로잡는 콘텐츠를 통해 문화 콘텐츠 강국으로 거듭났고, 한국 브랜드를 유치하기 위한 러브 콜을 끊임없이 받고 있으며, 한국인이 수많은 해외 명품 브랜드의 뮤즈가 되고 있다. 이렇게 달라진 한국의 위상도 공간에 녹일 수 있다면 좋겠다는 생각으로 작업에 들어갔다.

블랙의 정수를 재해석하다

헤라는 색조, 기초, 여성, 남성, 향수까지 제품의 카테고리가 다양하고 타깃층의 범위도 넓어서 재고 관리 코드Stock Keeping Unit, SKU 수가 정말 많은 뷰티 총집합 브랜드다. 누군가 화장품은 빵집 같다고 했다. 옆집에서 슈크림을 팔아 대박이 났다고 해서 앞으로 슈크림만 팔아야 하는 게 아니라, 식빵도 소보로빵도 함께 팔아야 한다는 것을 의미한다. 이런 점 때문에 주변 사람들은 대부분 작업하기 어려울 거라고 우려했지만, 헤라의 새로운 뮤즈가 정해지고 나서 생각보다 쉽게 아이디어를 떠올릴 수 있었다. 나도 모르게 제니에게 영감을 많이 받았던 것 같다. 지금 와서 생각해보면, 이전의 설화수 작업 때도 그랬지만 해당 브랜드를 생각하며 만든 공간에 딱 어울리는 모델이 적절히 들어가면 공간이 비로소 완성되는 것 같다. 그래서인지 어느 순간부터 브랜드 작업을 진행할 때, 아이디어나 구상이 쉽게 떠오르지 않으면 가상의 뮤즈를 설정하고 그려나가는 일이 종종 있는데, 아마도 헤라 때의 작업 방식에서 힌트를 얻은 것 같다.

보라색을 메인 컬러로 화이트 골드와 다이아몬드 커팅을 넣었던 기존 매장 구성에서 보라색을 최대한 빼고 싶었다. 광택이 없는 블랙 컬러를 메인 컬러로 하고 숨겨진 공간에 보라색이 최소한으로 들어가도록 구성했다. 이전의 각이 진 로고 대신 H 심벌에 곡선 형태를 넣은 새 로고도 강조해야 했다. 따라서 이 H 심벌을 더 강조하

는 인피니티 케이스®를 만들어 매장의 중심축처럼 기능하도록 했다. 홀로그램 필름지를 활용해 서울의 빌딩을 형상화했고, 벽면에 슈퍼 미러 소재를 활용해 빛이 반사되며 물결치듯 움직이도록 해 산이 많은 서울의 모습과 빠르게 변화하는 서울의 속도감을 나타냈다. 그 벽면 앞에 수많은 헤라의 제품들을 전시한 모습은 마치 서울의 스카이라인을 보는 것 같은 느낌을 선사한다. 자칫하면 산만하게 보일 수 있는 진열 방식이지만 역동적이고 재미있게 표현됐다. 전시 쇼케이스 하단부는 웨이브 메탈을 사용해 멀리서 봤을 때 오가는 사람들이 어른거리게 보이며, 바쁜 생동감과 함께 항상 변화할 준비가 되어 있는 분위기를 자아낸다. 조명을 가로로 바꿔 달아 좀 더 모던하고 속도감 있는 느낌을 주었다. 시크한 블랙 가죽 소재를 곳곳에 활용해 차가운 배경에 따뜻한 요소를 더했다.

영등포 신세계 타임스퀘어점 작업이 이렇게 완성됐고, 이 점포를 기준으로 한 디자인 가이드가 전국 점포에 들어간다. 백화점에 새로 매장을 열면 우리가 작업한 디자인이 적용되는데, 기존에서 일부 바뀌기도 하고, 현장 상황에 맞게 조금씩 변모하기도 하며, 입체적인 공간 이미지를 만들어간다. 이 점이 SI 디자인의 매력이다. 헤

●   H 심벌이 거울과 유리를 투과해 반복적으로 반사효과가 나도록 착시효과를 주었다.

라 SI 작업은 제일 만족도가 높았던 프로젝트였다. 그래서 가끔 백화점에 갈 일이 생기면 1층 먼저 가서 헤라가 어떻게 변했는지 확인해본다. 어떤 매장은 빨리 해야 되거나 금액적인 문제가 있을 때 자체적으로 간소화해서 진행하는데, 오히려 우리가 한 작업보다 괜찮은 것도 있어서 반성할 때도 있다. 디자인적으로 욕심을 부린 건 아닌지 항상 배우는 마음으로 매장을 본다. 이처럼 SI 작업은 우리의 손을 떠난 후에도 브랜드 실무자들이 알아서 진행할 수 있게끔 매뉴얼을 잘 만들어주는 일이다. 그래서 아무리 작은 공간이더라도 거기에만 국한되어 설계하지 않는다. 앞으로 등장할 수만 가지의 다른 형태들을 생각하며 설계한다. 해외에도 매장이 세워질 수 있기에 누가 봐도 이해할 수 있게, 어떤 공간에 들어가도 어울릴 수 있게 설계한다. 쉬워 보일 수 있지만 말도 안 되는 상황에서도 작업 가능할 수 있게 만들어야 하므로 상당히 까다로운 작업이다. 다만 백화점 내에 입점하는 이런 공간 작업들을 자주 하다 보니 백화점 공간 특성을 잘 이해하게 됐고 내 나름의 노하우가 생겼다.

내가 아모레퍼시픽과의 협업을 좋아하는 이유는 각 팀의 담당자들이 각자의 위치에서 최선을 다하기 때문이다. 당연히 그래야 하는 것 아니냐고 생각할 수도 있지만 실제 현장에서 늘 긴장을 유지하는 일은 말처럼 쉽지 않다. 우리 같은 외주 업체들이 일을 할 동안 내부 VMD 팀에서는 그들이 할 작업이나 의견을 정리해서 보내주어야 하기 때문에 언제든 소통할 준비가 되어 있어야 하는데, 아모레 측과 알을 하는 동안 한 번도 느슨하다는 느낌을 받은 적이 없었다. 우리 또한 그런 모습을 보고 영감을 받는다. 모두가 브랜드의 얼굴이 되어 일한다는 인상을 받아 흥미로웠다. 아모레 측의 디자인 팀장님이 CEO에게 최종 보고를 마친 뒤 문자로 연락을 주었다. "대한민국에 있어줘서 정말 고맙습니다. 덕분에 잘 마쳤습니다." 협업의 의미와 보람을 만끽한 프로젝트였다.

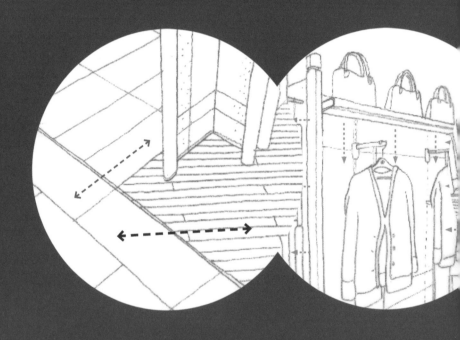

| 의뢰 **코오롱 FnC** | 내용 **SI 디자인** | 면적 **30.7제곱미터**
| 장소 **서울특별시 서초구 반포동 신세계백화점 강남점** | 완공 **2023년 2월**

일전에 작업한 골프웨어 브랜드 지포어를 운영하는 문희숙 상무님이 엘로드도 맡고 있었다. 지포어보다 더 클래식하고 타깃층의 연령대가 높아 조금은 까다로운 브랜드였다. 신세계백화점 강남점 7층에 입점한 아일랜드 타입 매장의 SI 디자인 의뢰가 들어왔을 때 크게 걱정하지 않았던 이유는 이미 협업을 한 경험이 있고, 코오롱 골프 사업부 팀은 항상 우리를 믿어주기 때문이다. 하지만 한편으론 다시 우리를 찾아준 만큼 믿음과 기대를 저버리면 안 된다는 생각에 심적으로 마냥 편하지만은 않았다. 역시나 킥오프 미팅 때 작업의 방향성을 이야기하는 시간보다 실무자와 안부를 물으며 사담을 나누는 시간이 더 길었다.

백화점에서 잘 팔리는 브랜드는 대개 벽이 있는 박스 타입의 매장에 배치되고 잘 팔리지 않는 브랜드는 아일랜드 타입의 매장에 배치된다. 엘로드는 아쉽게도 아일랜드 타입 매장에 있었는데, 7층 골프 구역을 리뉴얼하면서 이 브랜드의 매장도 리뉴얼하게 되었다. 전체적으로 공사를 진행하고 있으니 가이드나 설계를 쉽게 변경할 수 있다는 장점이 있었다. 다만 공간이 30.7제곱미터(약 9평) 정도로 협소한 데다 백화점 가이드 라인 특성상 어떤 디스플레이나 집기도 놓을 수 없는 세트백 구간도 있었다.

일상에서 마주하는 예술적인 공간

이런 제약이 있지만 우리에게는 이 브랜드를 다른 매장과 차별화된 매력으로 보여줘야 할 의무가 있었다. 어떻게 개념을 잡을까 고민하다 매장을 예술적으로 꾸며보고 싶다는 생각이 들었다. 엘로드는 엘리트elite와 로드lord를 합쳐 만든 이름으로 예술을 접목해 단순히 골프 웨어를 제공하는 것이 아니라 고객의 가치를 높여주는 예술 작품을 제공한다는 것을 이야기하고자 했다. 하우스 갤러리 같은 매장에서 쇼핑하고 가치 있는 공간과 시간도 경험할 수 있다는 점을 표현하고 싶었다.

문제는 9평 남짓한 공간에 이런 이야기를 다 담을 수 있을까 하는 것이었다. 주어진 공간을 최대한 활용하면서도 사방으로 뚫려

집중력이 떨어지는 아일랜드 매장의 단점을 보완할 수 있는 설계가 필요했다. 깊은 고민 끝에 결론에 다다랐고, 네 가지 부분에 초점을 맞춰 진행하기로 했다. 먼저 프레임을 손봐야 했다. 좋은 그림도 어떤 액자에 끼우느냐에 따라 분위기가 완전히 바뀌기도 하니까. 대부분의 매장 바닥재가 직선 형태인데 엘로드는 사선 형태로 해서 확 눈에 띄게 했다. 이런 바닥의 변화는 문이 없어도 매장으로 들어서는 순간 다른 세상으로 넘어오는 듯한 느낌을 준다. 그다음으로 벽이 없어 시선이 분산되는 것을 보완하고 제품에 집중하도록 하기 위해 조명을 풍성하게 배치했다. 아일랜드 매장은 대부분 백화점에서 설치한 조명을 개별적으로 조정해 이용하는 방식인데, 엘로드 매장은 자체적으로 조명을 쓸 수 있게 만들어 다른 매장보다 제품을 더 돋보이게 할 수 있었다. 또 바 형태의 옷걸이에 걸린 의류제품들 위로 반원 모양의 조명 갓을 달았고 조명은 위로 쏘아 올리도록 했는데, 이는 조명 갓에 반사된 빛이 옷을 집중적으로 비추게 하기 위해서였다. 그다음은 포메이션formation, 즉 조형화 작업이다.

예술적인 것을 가장 집중적으로 보여줄 수 있는 부분인데, 일반적인 데스크 형태의 중앙 집기를 두는 것이 아니라 엘로드만의 전통과 아이덴티티를 조형화한 형상물이 들어가면 좋겠다는 생각을 했다. 엘로드를 표현하는 딥블루 컬러를 중심으로 다양한 색으

로 변주를 줬고, 특히 매장 가운데 부분에는 직사각형의 푸른 대리석 테이블과 길쭉하고 둥근 형태의 트위드 소재 소파, 딥블루 컬러의 카펫 등을 어슷하게 쌓아 올려 세련된 이미지를 주고자 했다. 마지막 단계인 '휴식, 릴렉세이션'을 통해 고객이 이 공간에서 쇼핑을 하면서 자연스럽게 쉬는 경험을 할 수 있도록 했다.

또한 매장의 미감을 살리기 위해 일반적인 탈의실이 아니라 나무 문이 기역자형으로 열리는 탈의실을 제안했는데, 항상 열어 두고 사용하더라도 어색하지 않게 파티션 같은 디자인으로 만들었다. 어찌 보면 작은 공간에 데드 스페이스가 생기는 것임에도 흔쾌히 우리의 의견을 믿고 따라주셔서 기분이 좋았다. 코오롱 골프 사업부 팀은 가장 좋은 게 무엇인지 아는 팀이었고, 좋은 소재와 재료의 배치, 조명의 효과 등을 자세히 살펴보고 이해하려고 노력했다.

그 결과 여타 아일랜드 매장에서는 흔히 볼 수 없는 작지만 특별한 매장이 완성됐다. 그 이후에 점장님들에게 엘로드가 많이 달라졌다는 이야기를 들었고, 코오롱 담당자들에게 또 하나의 작품을 만들어주어 고맙다는 연락을 받았다. 엘로드는 작은 공간인 만큼 어느 하나 놓치지 않고 알차게 활용하기 위해 디테일을 고심했던 곳이었다. 제약이 많은 아일랜드 매장은 대개 디자이너들이 선뜻 하려고 하지 않는 작업이지만 이렇게 작업을 마치고 나면 여느 매장 작업 못지않게 뿌듯하다. 어쩌면 큰 매장의 작업을 했을 때보

다 만족도가 더 높을 수도 있다. 이 프로젝트는 7층 전체 공용부 공간과 매장을 동시에 진행한 것이라 특히 기억에 남는다. 공용부는 입점 브랜드들이 자신의 콘셉트를 살리는 공간이기에 와우 포인트를 넣지 않았으나 조명이 들어가는 천장 디테일에 신경을 썼고 전체적으로 모던하게 꾸몄다. 우리 스튜디오의 개성으로 채울 수 있었던 흥미로운 프로젝트였다.

| 의뢰 **LF** | 내용 **매장 가이드 라인 디자인**
| 장소 **서울특별시 중구 소공동** | 완공 **2022년 8월**

LF 그룹에게서 여러 브랜드 건으로 의뢰를 받았지만 그때마다 스튜디오의 스케줄이 맞지 않아 함께 작업하지 못했다. 내심 아쉬워하던 차에 닥스 브랜드 전 매장 리뉴얼 의뢰가 들어왔고, 마침 시기가 맞아 함께 작업할 수 있었다. '닥스'라는 브랜드는 이름만 들어도 떠오르는 이미지가 있다. 우선 내가 생각하는 이미지는 지갑과 가방, 우산이 먼저 떠오르고 온라인상에 희화화된 밈으로 도는 수학 선생님이 입을 법한 옷 중 하나라는 이미지. 이런 선입견 때문에 프로젝트를 맡기까지 고민이 많았지만 첫 미팅을 한 뒤 마음이 편해졌다. 나는 지금의 스튜디오를 오픈하기 전 삼성물산에 재직했었는데, 그때 구호에 함께 몸담았던 상무님을 비롯해 두세 분이 이곳에 계셨다. 나는 한번 맺은 인연을 소중하게 여기기 때문에 기존 클라이언트와 되도록 좋은 관계를 이어가려고 노력하는데 이곳에는 이전에 함께 일했던 상사분들도 계셔서 더 잘 해보고 싶은 마음이 들었다. 하지만 그런 마음으로 시작했는데도 닥스 맨, 닥스 우먼, 닥스 액세서리를 맡은 세 팀과 함께 소통하는 데 어려움이 있었다. 미팅 때마다 스무 명 정도의 인원이 모이다 보니 의견을 나누고 조율하는 작업이 그리 순조롭지 않았을 거라는 생각이 들었다. 누구에게 이야기해야 할지, 어떤 사람의 의견이 중요한지, 모두의 의견이 다르면 어떻게 중심을 잡아야 할지 등 시작되지 않은 일에 대한 걱정이 보이기 시작되었다.

경계 없는 판타지의 세계로

미팅할 당시 닥스는 변화의 기로에 서 있었다. 버버리 출신의 세계적인 디자이너인 뤽 구아다던을 총괄 크리에이티브 디렉터로 영입하여 변화를 꾀하고자 했다. 그가 브랜딩 전반을 손보고 여성복부터 차례로 다 바꿀 예정이라는 이야기를 듣고 작업이 만만치 않겠다는 생각이 들었다. 닥스 우먼 디자인 상무님에게 바뀌는 옷을 볼 수 있냐고 묻자 디자인 스케치를 보여주었는데, 보는 순간 입고 싶다는 생각이 들 만큼 예뻐 그와 미팅을 하기로 결정했다. 그의 부모님 중 한 분이 프랑스 출신이어서 프랑스어로 미팅할 수 있었다. 이야기를 나누다 보니 그는 외국에서 초청된 여느 국내 브랜드 CD와는 사뭇 다른 태도로 자신이 책임지고 이 브랜드를 이끌어보겠다는 의지를 강하게 보였다. 아울러 닥스의 팀원들도 그를 믿고 있는 것이 확실히 느껴졌다. 우리가 잘 협업한다면 이 프로젝트를 멋지게 완성할 수 있을 것 같은 희망이 보였다. 브랜드 미팅을 할 때 우려했던 부분들이 사라지는 순간이었다.

닥스는 1984년에 영국 런던에서 시작된 브랜드다. 클래식하고도 모던하고 젊은 럭셔리를 표방하며 국민 브랜드로 자리 잡았다. 닥스는 여전히 그 명맥을 유지하고 있긴 하지만 유행이 변화하며 이제는 호불호가 분명해진 브랜드가 되었다. 뤽 구아다던은 닥스의 스타일을 완전히 새롭게, 세련되게 디자인했고, 우리는 그의 스케치와 영국식 정원에서 영감을 받아 닥스만의 정원을 꾸며보기로 했다. 콘셉트는 '내밀의 무한'으로 정했다. 닥스를 산책하며 아름다운 것을 발견한다는 뜻으로, 닥스의 판타지를 발견하고 그것에 매료될 수 있게 구성하는 것을 목표로 삼았다. 바닷가에 가면 바다를 추억할 수 있는 조개껍데기 하나를 주워 오듯 말이다. 우리는 닥스가 가지고 있던 기존 헤리티지에 네 가지 새로운 방향성을 더하기로 했다. 첫째, Boundaryless. 시대상을 반영하는 브랜드 헤리티지를 통해 경계 없이 브랜드의 영역을 확장함. 둘째, Twist. 닥스가 추구하는 럭셔리를 재정립해 고유한 이미지를 강조함. 셋째, Inherence. 기술집약 소재와 디테일을 통해 닥스의 가치를 높임. 넷째, Aesthetic. 아름다운 브랜드로 거듭남. 브랜드의 이미지에 살을 붙이고, 단점을 보완해 장점을 극대화해 한 단계 업그레이드하는 작업은 브랜드의 새로운 서막을 알리는 부분이기에 가이드 라인 디자인 시 가장 중요하게 여기는 일이다. 기존 매장에 사전 조사를 하러 갔더니 어디서부터 시작을 해야할지, 어떤 점을 이어받아야 할지 고민이 많아졌다. 가이드가 불분명했고 브랜드가 명확히 드러나지 않았으며, 브랜드 로고와 패턴이 난무한 데다 심지어 노골적으로 바닥에 노출되어 있었다. 호불호가 매우 분명하게 갈릴 만한 스타일의 매장이었다. 우리는 닥스가 추구해온 가치에 우리만의 가치를 하나씩 더했다. 클래식하되 경계를 없애고, 럭셔리한 가치를 조금 비틀어 보여주며 기술력과 현대적인 아름다움을 조화롭게 적용했다. 나는 산책이라는 단어를 참 좋아한다. 가장 즐기는 여가 활동 중 하나도 산책이다. 산책할 때는 같은 길을 가더라도 어제 보지 못한 걸 볼 수도 있고 새로운 생각도 하고 자기 반성도 하고 나에 대해 집중하는 시간을 가질 수도 있다. 이렇게 산책하듯 매장에 들어왔다가 닥스의 환상적인 측면을 발견할 수 있기를 바랐다. 그러려면 먼저 시그니처 월을 개발해 매장에 들어서자마자 첫눈에 '이게 닥스의 아름다움이구나'를 인지할 수 있도록 하는 작업이 필요했다. 매장의 모든 면을 곡선으로 만들어 정원을 산책하듯 자연스러운 동선을 짰다. 우먼 매장은 닥스 패턴이 은은하게 보이는 부드러운 베이지 톤의 아크릴로, 맨 매장은 우드 패턴으로 좀 더 진한 색과 슈퍼미러 소재

를 사용한 패턴 월을 만들어 무게감을 더했다. 액세서리 매장은 남성과 여성의 특징을 합쳐 나무와 아크릴이 섞인 로고 패턴 월을 넣었다. 모든 패턴을 전면에 내세워 강조하는 것이 아니라 은연중에 녹아들게 해 닥스의 아이덴티티와 새로운 브랜드가 지향하는 바를 세련되게 보여줄 수 있도록 했다.

　매장의 기물이나 디스플레이 요소는 모두 동일하게 넣었다. 닥스에서 보지 못했던 디테일이나 이야기를 디자인적으로 풀었고 우먼과 맨, 액세서리 매장으로 나뉘어 있지만 구분 짓는 느낌을 줄이기 위해 중성적인 이미지를 연출했다. 롯데백화점 명동점을 시작으로 현대백화점 판교점과 목동점, 신세계백화점 강남점 등 우리의 가이드에 맞춰 매장들이 순차적으로 리뉴얼 오픈했다. 새롭게 태어난 옷들과 마케팅 요소, 매장의 변화가 시너지효과를 낸 것인지 매출이 올랐다는 소식이 연이어 들렸다. LF에서도 고맙다는 연락이 왔고 그제야 나도 안도할 수 있었다. 특히 뤽 구아다던과 협업하며 크리에이티브 디렉터가 가져야 할 태도에 대해 다시금 배울 수 있었던 계기였다. 자신의 주장이 무조건 맞는다고 생각하는 사람이 아니라 타인의 의견도 어느 정도 수용하고 자신의 생각을 한 번 더 재고할 줄 아는 사람, 거기에 살을 붙일 줄 알고 동료에게 아이디어를 떠올릴 수 있게 영감을 주며 이를 디렉팅할 줄 아는 사람. 이런 사람이 우리에게 필요한 크리에이티브 디렉터라는 생각이 들었다.

4 부

상업 공간∵ 발길을 이끄는 마성의 공간

| 의뢰 **쿠시토쿠** | 내용 **레스토랑 디자인** | 면적 255.8제곱미터
| 장소 **서울특별시 강남구 신사동** | 완공 2019년 5월

Flowery Delicacy Disguised

쿠시토쿡

꽃처럼 피어나는 맛의 세계

16

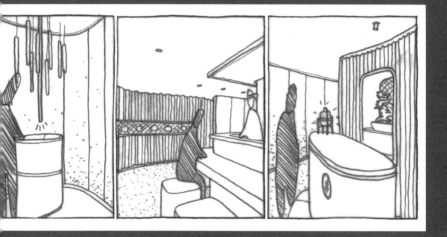

단골가게가 사라지는 건 마음 아픈 일이다. 쿠시토쿡은 우리가 작업한 공간이지만 항상 맛과 서비스가 출중해 클라이언트와의 식사 때도 자주 들르곤 하던 곳이다. 하지만 이곳도 코로나19 팬데믹의 위기를 넘기지 못하고 결국 문을 닫고 말았다. 쿠시토쿡의 변현아 대표님과는 다음 만남을 기약하며 좋은 인연으로 남게 됐다. 비록 지금은 사라졌지만, 큰 의미로 남은 쿠시토쿡에 대한 이야기를 해보려고 한다. 쿠시토쿡의 의뢰를 받고 처음 가게가 들어선 건물을 방문했을 때, 건물이 낡고 오래되어 지쳐 보이는 느낌을 받았다. 이미 여러 번의 리노베이션으로 구조 보강을 하는 등 세월의 흔적이 곳곳에 남아 있는 3층짜리 건물을 우리가 말끔하게 만들어야 했다. 기존의 것을 다 헐고, 낮은 천장고 등 오래된 건물 특유의 결점들을 보완한 뒤 건물 외관에서부터 쿠시토쿡의 이미지가 한눈에 드러나게 해야 했다.

디테일의 정수가 모인 곳

쿠시토쿡은 일본의 꼬치 요리인 '쿠시くし' 오마카세를 판매하는 레스토랑이다. 편하게 방문하기에는 가격대가 조금 높지만, 분위기 있는 곳에서 특별한 식사를 하고 싶을 때 찾으면 좋은 공간이다. 이

때문에 가로수길에 있는 다른 캐주얼한 식당들과는 차별화된, 대접받는 듯한 서비스를 제공한다는 것을 공간적으로도 보여주고 싶었다. 쿠시토쿡의 대표님과 미팅을 하며 음식을 보고 튀김이 마치 꽃이 피는 것처럼 아름답다고 얘기했는데, 이때 꽃망울이 활짝 벌어지는 것처럼 재료 본연의 맛을 극대화해서 전달하는 레스토랑이라는 생각이 들었다. 그래서 고급스럽고 풍성한 경험을 할 수 있는 공간을 떠올렸고, 자율적인 동선이 아닌 강제적인 동선으로 입구에서 뭔가를 발견하고 맛보고 퇴장하는 식으로 스토리를 그려봤다.

첫인상이 중요하기에 외관과 조경부터 마치 일본의 고급 식당에 온 듯한 느낌이 나도록 꾸몄다. 쿠시토쿡 로고에 꽃잎이 겹쳐 있는 이미지에서 착안한 디자인을 넣고, 간판에 간접조명을 달아 은은하게 비추도록 만들었다. 기오 스튜디오의 신기오 실장과 로고부터 명함, 패키지, 사이니지까지 같이 개발하며 디테일에 공을 많이 들인 부분이다. 문을 열고 들어오면 1층 입구에 호텔 리셉션처럼 보이는 웰컴 데스크를 만들었다. 로고를 음각으로 새긴 우드 톤 웰컴 데스크 옆으로는 좁고 긴 복도가 있는데, 입구에서 복도까지 모두 간접조명으로 은은하게 밝힌 그 길을 따라가면 손 닦는 공간이 등장한다. 바닥은 콩 자갈 소재를 사용해 줄눈 없이 깔끔하게 채웠고, 벽은 시멘트와 대나무 소재를 같이 갈아서 만든 클레이텍 소재를 사용해 벽의 질감을 살리고 자연 친화적인 분위기를 연출했다.

물이 떨어지는 듯한 조명을 단 작은 수전에서 손을 닦고 오른쪽으로 꺾어 들어가면 음식을 먹을 수 있는 일렬로 된 좌석들이 등장한다. 이 강제적인 동선은 어찌 보면 바로 입구에서 들어갈 수 있는데 고객을 일부러 레스토랑의 뒷부분까지 가게 만들어 불필요한 것일 수 있다. 하지만 기획 당시, 쿠시토쿡의 금액과 서비스는 기존의 가로수길 식당들과는 차이가 있었고, 쿠시토쿡이 있는 곳은 대형 건물이 아니었다. 그래서 엘리베이터나 전실을 두어 정돈된 형태로 입장하게 만들 수 없었다. 따라서 입구에서 복도를 길게 만들어 외부와 쿠시토쿡을 자연스럽게 연결하고 싶었다.

2층으로 올라가면 VIP 라운지가 나타난다. VIP 라운지 내부는 안정감을 줄 수 있는 격자무늬 우드 디테일을 벽에 일일이 짜 넣어 고급스럽게 만들었다. 공사 초반에는 지하 공간까지 작업해야 하는 대규모 공사였으나 최종적으로 1층과 2층에 집중하는 것으로 결정하고 힘을 쏟았다. 작은 꼬치 요리 하나하나에서 디테일과 정성을 듬뿍 느낄 수 있는 이곳의 음식처럼 이 공간도 어느 곳 하나 허투루 작업한 것 없이 정교하게 만들었다고 자부할 수 있다.

2019년부터 2021년 말까지, 영업 기간은 짧지만 그동안 미식가들 사이에서 입소문을 타 이슈화가 됐고 맛과 공간으로 인정받았기에 후회는 없다. 또 브랜딩을 마친 후 타사에 판매하게 되면서 클라이언트에게도 그 나름대로 좋은 결과가 됐을 것이기에 나 역시

마음의 짐을 조금이나마 덜 수 있었다. 아쉽지만 기억 속에 행복했던 프로젝트 중 하나로 남아 있다. 누군가에게 좋은 추억을 심어준 장소로 기억된다면 그것으로 만족한다.

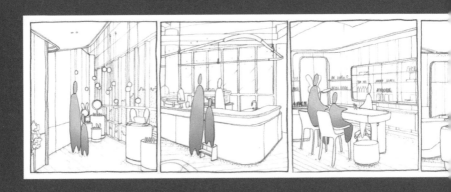

| 의뢰 **슈슈앤쌔씨** | 내용 **리테일 & 라운지 디자인** | 면적 **237.5제곱미터**
| 장소 **서울특별시 용산구 한남동** | 완공 **2020년 4월**

Get Your Cake and Eat It Too

슈슈앤쌔씨

엄마와 아이가 행복해지는 시간

17

슈슈앤쎄씨는 쿠시토쿡에 이어 코로나19 팬데믹으로 직격탄을 맞은 공간으로 이 역시 나에겐 뼈아픈 곳으로 남아 있는 곳이다. 기대에 차서 재미있게 작업했던 신선한 프로젝트였는데 미처 빛을 보지도 못하고 문을 닫게 됐다. 나와 전혀 접점이 없는 공간이었지만 없어진 뒤 너무 아쉬워 계속 생각나는 그런 공간. 슈슈앤쎄씨는 아동 코스메틱 브랜드로 아동용 매니큐어가 주력 상품이다. 아동용 코스메틱 제품으로 아이와 엄마의 교감에 대한 이야기를 하는 것이 브랜드의 지향점이기도 하다. 떠올릴 때마다 마음 한편이 아직도 쓰리지만, 소개하면 좋을 공간이기에 기록하는 의미에서 자료를 공개하고자 한다. 슈슈앤쎄씨는 스티커처럼 떼어낼 수 있는 매니큐어로 어린아이들에게도 무해한 성분으로 놀거리를 제공하고, 아이와 엄마를 위한 소셜 커뮤니티를 만들고자 했다. 아이와 관련된 프로젝트를 아이가 없는 디자이너에게 선뜻 맡긴다는 것이 놀라웠지만 감사한 마음으로 열심히 관련 자료를 찾아봤다. 의뢰를 받은 후 광교 앨리웨이 롯데백화점 매장에 답사를 갔는데 그곳은 흡사 핑크 천국 같았다. 4~6세 여자 아이들이 좋아할 만한 분홍색으로 가득 차 있었고, 아이들에게 초점이 맞춰진 디자인이 가득했다.

우리의 목표는 한남동 유엔빌리지 인근에서 엄마와 아이가 방과후 함께 커뮤니티를 형성하고 소셜 활동을 하며 힐링할 수 있는 장소를 만드는 것이었다. 이 때문에 너무 유아적인 요소보다는 엄마

들도 좋아하고 아이들도 즐겁게 놀 수 있는 공간을 만들기 즐거워하는 요소로 채우기 위해 어떻게 하면 좋을지를 우선적으로 고민했다.

엄마가 더 좋아하는 놀이 학교

엄마와 네일 케어를 하며 교감하게 되는데, 이런 행위는 아이와 엄마가 정서적으로 소통하게 되면서 아이의 정서 발달에도 좋은 영향을 끼친다고 한다. 나 또한 이런 교감의 순간이 아직도 기억에 남아 있다. 어린 시절 엄마와 함께 피아노를 배웠던 적이 있는데 내가 피아노를 치는 걸 싫어하자 엄마는 내게 피아노를 가르쳐주고 싶었던 마음에 나와 함께 배우기를 자처하셨다. 작업을 준비하며 그 시절의 감정이 떠올랐고 아이와 부모가 뭔가를 함께할 수 있다는 것이 아이들에게 얼마나 소중한 경험인지 다시금 깨닫게 됐다. 프랑스어로 에콜école은 학교를 뜻한다. '엄마가 더 좋아하는 방과 후 놀이 학교'라는 메시지를 주고자 공간의 테마를 '에콜 드 슈슈'로 정하고 공간 스토리 라인을 잡아나갔다. 브랜드가 입점한 건물은 구조가 독특했고, 공간도 제품을 판매하는 리테일과 커피를 판매하는 카페, 아이와 엄마가 함께 놀 수 있는 라운지 등으로 이뤄져

복합적으로 쓰이고 있었다. 공간마다 차별화가 필요했다. 엄마와 함께 카운슬링을 받고, 가족들이나 아이 엄마들끼리 교류할 수 있고, 방과후 수업이나 아이들의 생일 파티가 열리는, 행복이 가득한 공간을 구상했다.

입구에 들어서면 편안하고 널찍한 라운지가 있고, 귀여운 토끼 캐릭터 친구들이 환영 인사를 건넨다. 전체적으로 핑크 톤을 입히되, 채도를 낮춘 핑크와 누드 컬러를 사용했고 우드 소재를 더해 차분하고 세련된 분위기를 주고자 했다. 시선을 옮기면 하얀 목욕 가운을 입은 익살스러운 토끼 마네킹이 반긴다. 슈슈앤쌔씨의 캐릭터인 토끼를 모티프로 삼아 토끼 모양 거울도 만들고 가구도 제작했는데 그 과정이 생각보다 즐거웠다. 평소에 생각지 않았던 스타일을 해보니, 또 언제 이런 작업을 할까 싶은 생각이 들어서 은근히 신이 났던 것 같다.

주 고객층인 아이들의 눈높이에 맞출 수밖에 없었기에 어느 정도의 키치적인 것을 더하되 과하지 않게 작업을 했다. 벽과 소파, 테이블을 모두 둥글둥글하고 올록볼록한 소재를 사용해서 라운지는 부드럽고 포근한 느낌이 들게 만들었다. 천장에는 긴 행잉 조명을 매달고 연결 부위를 가죽으로 감싸는 등 디테일을 더했다. 라운지를 지나 안쪽으로 꺾어 들어가면 콘솔과 작은 세면대, 거울이 있어 방과후 수업이나 다양한 프로그램을 진행할 수 있는 멀티 룸, 생

일 파티를 할 수 있는 공간, 아이들이 네일 케어를 받을 수 있는 숍 등이 마련되어 있다. 네일 숍도 채도는 낮췄지만 아이들의 눈높이에 맞게 토끼 패턴이 조각된 옷장, 반짝이는 유리 진열장 등을 넣어 귀엽게 완성시켰다. 또한 부모님들끼리 밍글링을 할 수 있는 라운지 공간도 마련해두어 어른들의 놀이터로도 기능하게 했다. 자칫 아이들만의 공간으로 끝날 수 있는 곳을 공감의 키워드로 연결하려고 애썼다. 주변 친구들이 보고서는 아이 가구를 만들어도 잘할 것 같다고 농담할 정도로 만족스러운 결과물이 나왔다.

그런데 그렇게 오픈까지 무난하게 마무리됐는데 코로나19가 발생하고 말았다. 아이와 관련된 공간이니 엄마들 입장에서는 민감할 수밖에 없었다. 학교조차 갈 수 없는 상황이 되면서 복합문화공간에 사람을 초대할 수는 없었다. 방과후 프로그램 등 아이들과 엄마를 위한 다양한 활동을 기획했던 브랜드 입장에서도 속이 탔을 것이다. 오픈 시기가 지금이었으면 어땠을까 생각해본다. 최악의 시기를 견디는 것이 힘드셨을 거다. 슈슈앤쌔씨 대표님이 우리 스튜디오 인근에 사셔서 마주칠 때도 있고 가끔 SNS로 이야기를 나누기도 하는데, 어쩐지 내가 죄인이 된 것 같은 마음을 지울 수 없다. 다시 좋은 기회로 엄마와 아이, 그리고 브랜드도 웃게 되는 날이 왔으면 좋겠다.

| 의뢰 V 성형외과 | 내용 **F&B, 라운지 디자인** | 면적 **398.2제곱미터**
| 장소 **대구광역시 중구 삼덕동** | 완공 **2020년 7월**

하우스 오브 브이

우아한 삶에 대한 정의

18

V 성형외과는 대구를 포함하여 경상도 전체를 대표하는 큰 병원이다. 대표 원장님이 병원 전체를 신축하는 프로젝트를 진행 중이었는데, 병원 인테리어는 대표 원장님의 아내분이 맡게 되었고, 병원 1층의 카페와 라운지 디자인을 우리에게 의뢰하셨다. 병원이지만 1층에 리셉션 라운지를 만들어 병원을 대표하는 공간으로 두고 F&B 사업과 연계해 운영하고 싶어 하셨다. 대표 원장님의 사모님은 인테리어 디자인 회사를 운영하고 있었기에 힘든 여정이 될 것만 같은 예감이 들었지만, 조율을 위한 첫 미팅 자리에서 우리 스튜디오를 좋게 평가해주시고 전적으로 믿고 맡겨보고 싶다고 말씀해주셔서 편안한 마음으로 프로젝트를 시작할 수 있었다.

최첨단의 아름다움

클라이언트는 이 공간이 외부에서 봤을 때 성형외과로 드러나기보다는 편안하고 친숙한 외관으로 보이길 원했고, 내부는 성형외과에서 풀어낼 수 있는 이야기를 우아하게 들려줄 수 있는 라운지 카페였으면 좋겠다고 했다. 이런 의견을 반영해 요즘 SNS에서 많이 볼 수 있는, 젊은이들이 좋아하는 카페 스타일보다는 V 성형외과에서 운영한다는 아이덴티티를 살리며 우아함을 보여주는 라운지 카페를 만들고 싶었다. 절대적인 미가 아닌 우아하고 품격 있는 아름다움을 보여주는 것이 이 프로젝트의 콘셉트였다. 산책하듯 거닐 수 있는 공간이자 외적인 아름다움보다 내면의 아름다움을 보여주는 고급스러운 공간을 만들고 싶었다. 우리는 오노레 드 발자크의 책《우아한 삶에 대하여》*를 읽으며 몇몇 구절에서 그 해답을 얻었다.

1. 삶의 목적은 휴식이다. 하지만 절대적인 휴식은 권태를 낳는다.
2. 우아함의 가장 중요한 효과는 수단과 방법을 감춰주는 것이다.
3. 파리에 자주 오지 않는 사람은 완벽하게 우아해질 수 없다.
4. 우아함이 예술보다 더 감정적이며, 그것은 습관에서 생겨나는 것이다.

이 우아함에 대한 이야기를 V 성형외과에서 보여줄 수 있는 뷰티의 개념과 연결해 A 옵션과 B 옵션으로 제안했다. 두 가지 시안 모두 공간의 레이아웃은 다르게 제안했으나 우아함을 드러낼 수 있는 파스텔 톤을 기본으로 다채롭고 풍요로운 컬러를 다양한 마감

● 　오노레 드 발자크 저, 고봉만 옮김, 충북대학교출판부 펴냄(2011.11.08.)

재와 함께 조합하고 싶었다. 신축 건물의 형태와 테라스 공간, 미디어월을 활용할 수 있게 다양한 아트피스들을 제안했다.

공간과 딱 맞아떨어지는 아트피스를 넣고 싶었고, 그것이 하우스 오브 브이를 떠올리게 하는 시그니처 역할을 하길 바랐다. 뚫려 있는 입구로 외부 공기가 바로 들어오지 않도록 방풍실을 만들었는데, 그 공간에 임광혁 작가의 목련 작품을 넣으니 목련의 고고하고 우아한 분위기가 입구에서부터 느껴졌다. 목련은 꽃이 만개했을 때 가장 화려하고 아름답지만 이내 꽃이 떨어지면 추해지고 만다. 임광혁 작가의 목련은 가장 아름다운 순간을 박제해 영원한 아름다움을 표현하고 있기에 성형외과에서 풀 수 있는 아름다움이라는 생각이 들어 해당 작품을 넣었다. 입구에서 이 작품을 보고 내부로 들어오면 화사한 꽃에 둘러싸인 느낌을 받을지도 모른다.

입구의 오른쪽에는 카페 카운터가 있고, 시선을 왼쪽으로 돌리면 거대한 목련 꽃잎 디자인의 천장이 보인다. 천장에서 벽으로 떨어지는 우아한 굴곡 라인은 꽃잎이 조심스레 감싸고 있는 것처럼 제작했다. 바닥에는 꽃밭에서 영감을 받은 이미지를 프린트해 만든 카펫을 깔아 마치 꽃밭 위에 좌석들이 떠 있는 것 같은 분위기를 연출했다. 라운지의 한쪽 벽면에 슬라이딩 루버를 활용해서 스크린에 나오는 이미지가 좀 더 입체적으로 표현되도록 했다. 슬라이딩 루버가 닫혀 있거나 스크린에 평범한 이미지가 나올 때도 굴곡과 유

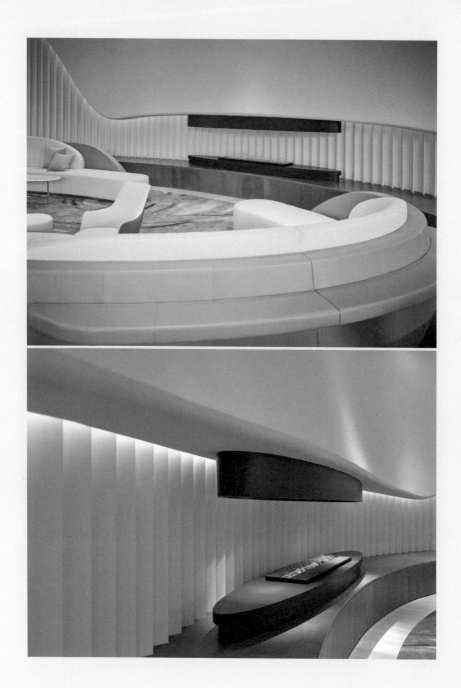

리로 이루어진 거울 소재의 일렁이는 효과 때문에 더 입체감 있게 보인다. 또 다른 벽면에는 벽난로를 두었는데, 벽난로의 특성상 위치가 낮아서 화재 위험이 있으므로 실제 불 대신 물과 LED*를 이용해 따뜻하고 분위기 있게 타오르는 시각적 효과를 주었다. 테이블 상판도 은박 소재로 만들고 유리로 마감을 해 음료를 마시며 공간을 한층 더 품격 있게 즐길 수 있도록 했다. 일반적인 카페가 아닌 우아한 사람들이 모여 뷰티에 대해 이야기하고 정보를 교류하는 장소가 됐으면 했다.

테라스로 나가면 하우스 오브 브이의 새로운 시작을 알리기 위해 김우진 작가와 협업한 V 아트피스가 눈길을 사로잡는다. 싱그러운 테라스 정원 한가운데에서 김우진 작가의 아이덴티티가 고스란히 담긴 V 조형물이 주황, 파랑, 노랑, 초록 등 강렬한 원색을 통해 밝고 경쾌한 리듬감을 선사한다. 공사할 당시 코로나19 팬데믹이 절정에 달했고, 대구에서 집단 감염이 일어나 모두가 완전 무장하듯 대비하고 현장에 나오곤 했다. 하지만 그런 시련이 언제 있었냐는 듯 하우스 오브 브이는 오픈한 뒤로 한동안 줄을 서서 들어갈 정도로 화제가 됐다. 정말 하고 싶은 디자인과 형태를 원 없이 시도

---

* 가습기를 설치해 수증기를 일으켰고, 불의 색과 흡사한 조명을 더해 훈훈함과 생동감을 더했다.

해본 프로젝트라 끝나고 나서도 애착이 많이 간 공간이다. 이후 V 성형외과와는 브랜드 가이드 라인 작업을 진행하고 있다. V 성형외과의 사업들과 관련된 디자인 가이드북을 만들고, 미민트라는 건기식 브랜드의 패키지 디자인과 화장품 및 핸드워시 패키지 디자인도 함께 만들었다. 또 원장님이 V 프랜차이즈 사업을 준비 중인데, 유니폼부터 다양한 규모의 공간에 맞춘 디자인 가이드까지 만들어 모든 가맹 병원에 적용할 수 있게 작업을 완료했고 하우스 오브 브이 옆에 새로운 공간도 기획하고 있다. 앞으로의 행보가 더욱 기대되는 곳으로 더 많은 사람들에게 사랑받길 바란다.

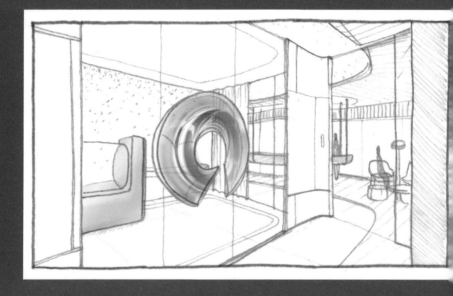

| 의뢰 **V&MJ피부과** | 내용 **병원 디자인** | 면적 **713.7제곱미터**
| 장소 **서울특별시 강남구 신사동** | 완공 **2023년 5월**

Attention with our special eyes

V&MJ 피부과

가장 순수한 본연의 아름다움을 찾는 곳

19

하우스 오브 브이 작업으로 인연이 된 V 성형외과 최원석 원장님과 V&co는 항상 나를 믿어주는 분들이다. 우리의 디자인과 설계를 전적으로 믿어주면서도 피드백이 필요한 부분에서는 확실하게 의견을 주셔서 참 좋아하는 클라이언트다. 설계사들에게는 이런 클라이언트를 만나는 것이 큰 복이다. 최원석 원장님이 운영하는 V 성형외과가 서울에 진출할 때 가이드 라인 작업을 했었는데, 그 작업의 연장선으로 V&MJ 피부과 프로젝트도 맡게 됐다.

V&MJ 피부과 프로젝트는 도산공원에서 이미 영업 중인 MJ 피부과와 V 성형외과가 함께 운영하기로 하면서 새로운 건물로 확장 이전하는 건이었다. 시작할 때부터 서울의 여러 동네와 부동산을 함께 돌아다니며 상권을 파악하고 어디가 좋을지 여러 번 의논했다. 최종 결정된 곳은 도산대로 사거리에 있는 안 정형외과 건물. 작은 건물이지만 이 동네 출신이라면 성장기에 한 번은 거쳐 갔을 병원으로, 나 역시 어린 시절 놀다가 근육이 다치는 등 크고 작은 사고가 있을 때마다 찾던 정형외과다. 원장 선생님이 은퇴하시면서 문을 닫게 되어 이 건물에 V&MJ가 들어가면 좋을 것 같다고 생각했다. 압구정의 상징적인 건물을 리노베이션 하는 것이기에 지역적 특성도 고려해 작업을 시작했다.

대부분 새로 짓거나 리모델링되어 크고 화려한 건물들이 들어섰는데 그 사이에서 비교적 작고 정겨운 형태로 명맥을 이어온 건물

로 현장을 찾았을 때는 많은 부분이 낙후된 것을 확인할 수 있었다. 옛 병원이라 천장고가 낮고 노출된 선풍기, 낙후된 계단실 등이 세월을 말해주고 있었다. 그러나 새로 지은 건물의 한 층에 들어가는 것보다 이런 건물을 리노베이션해 자리 잡는 것이 V&MJ의 브랜드를 제대로 보여줄 수 있을 거라고 생각했다. 물론 리노베이션은 할 때마다 다시는 하지 않겠다고 다짐할 만큼 현실적으로 구현이 불가능한 부분이 있거나 구조 변경이 어려울 때가 많긴 하지만 이러한 어려움을 알면서도 도전하는 작업인 셈이다. 이 프로젝트 역시 정말 어려웠지만 건물의 기운과 조망이 좋았고, 건물 외벽의 두 개 면이 노출되어 있어 다양한 시도를 해볼 수 있을 것 같았다. 도산대로 특성상 오가는 차가 많아 간접 홍보 효과도 누릴 수 있을 것 같았다. 실제로 공사 안전 현수막에 커다란 물음표와 종킴디자인스튜디오 로고만 넣었더니 사옥을 짓느냐는 질문을 정말 많이 받기도 했다. 기존 MJ 피부과 역시 도산공원 건너편에 있었기에 기존 고객들이 오기에도 부담 없는 최적의 장소였다.

지하 1층부터 4층 루프탑까지 건물 전체를 대수선하는 작업이 시작됐다. 이제는 V 성형외과도 같이 운영되기에 MJ에 대한 브랜딩이 중요해 새로운 슬로건을 만드는 작업도 함께 진행했다. 건물 전체를 쓰지만 규모는 그렇게 크지 않았다. 한 층이 65~100제곱미터 정도 되는 규모여서 713.7제곱미터 공간에 피부과, 성형외과, 피부 관리 등의 공간, 회복실 등이 모두 들어가야 했다. 우선 일반 고객들이 다닐 수 있는 앞쪽 정문과 VIP가 다니는 뒷쪽, 메인 공간의 동선을 분리했다. VIP의 동선은 뒷문에서 엘리베이터를 타고 바로 5층 VIP 응접실로 갈 수 있게 짰다. 응접실에서 바로 성형외과나 피부과로 목적에 따라 엘리베이터를 타고 이동해 타인을 마주치지 않고 관리를 받을 수 있다. 이런 설계적 동선을 짤 때는 운영 시스템이나 고객 분포도, 기계 종류 등의 정보가 필요한데 원장님과 실장님들이 모두 빠르게 피드백을 주어서 전체 설계를 짜는 데 큰 도움이 됐다.

피부과나 성형외과에 가보면 수많은 광고나 기계에 대한 홍보물이 붙어 있는 것이 피로감을 준다. 우리는 그런 것들을 최대한 배제하고, 차분한 공간을 표현하고 싶었다. 처음부터 강렬하게 다가가지 않고 내면의 아름다움이 은은하게 드러나게 하고 그것을 공간 자체로 표현하고 싶었다. 그래서 갤러리처럼 흰 벽을 최대한 많이 두기로 했다. 명품 브랜드가 즐비한 도산공원 근처 건물들은 외적으로 각자 정체성을 표현하고 있었다. 우리는 도심 속에서 긴장을 풀고 여유를 되찾아주는 공간이라는 콘셉트로 시작했다.

건물 파사드가 매우 노후된 상태였는데 그 형태를 유지하면 대수선을 하지 않아도 된다. 대수선을 하게 되어 기존 건물을 많이 고칠 경우 법적으로 구청에 신고를 해야 하고 용도 변경을 해야 한다.

그런 번거로움을 최소화하면서 파사드를 담백하게 바꾸고 싶어 창이 나 있는 파사드를 일부만 제외하고 다 막아버렸다. 하얀색 물감으로 덧칠해 깨끗한 도화지를 만들 듯 건물을 단정하게 다듬은 것이다. 노출된 창에는 내부에서 빛나는 아름다움을 보여주고 싶어서 밤이 되면 빛이 나도록 조명 장치를 넣었다. 보통 문을 열고 1층으로 들어오면 리셉션 데스크가 있는데 우리는 들어가자마자 산소치료실을 지나치게 만들었다. 산소치료실에서 피로를 풀고 생기를 되찾게 해주는 과학적인 시스템이 있다는 것과 첨단 기계를 활용하고 있다는 것을 자연스럽게 노출해 고객에게 한번 체험해보고 싶다는 생각이 들게 하고 싶었다. 관리 받는 사람이 있을 때는 커튼을 쳐서 내부를 볼 수 없도록 했다.

이를 지나면 메인 데스크가 나오는데 천장고가 낮아 천장을 사선으로 내려오게 하고 둥글게 마감했다. 병원 로고가 벽에 붙어 있는 일반적인 형태를 탈피하고자 벽을 상업적 공간에서 잘 쓰지 않는 작고 세로로 긴 에메랄드빛 타일로 모자이크했다. 또한 미래지향적인 형태의 데스크를 넣어 형태적이고 미래적인 아름다움을 보여주었다. 라운지의 한쪽 벽면은 천장에서부터 둥글게 감싸고 내려오는 형태로 안정적이고 포근한 느낌을 준다. 이런 면 정리와 고급스러운 소재의 사용, 아트피스의 조화를 통해 균형감 있는 공간을 만들고자 했다. 리셉션에서 흔히 볼 수 있는, 병원에서 판매하는 제품들도 쇼케이스를 별도로 마련하기보다는 자연스럽게 공간에 녹아들 수 있게 벽면에 개별 자리를 디자인해 넣었다.

　디자인적인 아름다움보다도 좋은 가구, 좋은 소재를 쓰는 부분에 초점을 맞췄다. 최근 귀네스 펠트로가 법정에 갈 때 로고 등 눈에 띄는 화려한 디자인이 없는 명품을 스타일링해 화제가 되었는데, 이런 스타일링 방법을 두고 '스텔스 럭셔리'라고 한다. 스텔스 기술처럼 조용한 명품이라는 뜻이다. 우리는 공간에서 스텔스 럭셔리를 지향했다고 할 수 있다. 엘리베이터 앞에서 기다리는 벤치 하나도 흔치 않은 대리석으로 만들었고, 계단참도 면적의 미를 살려 아름다운 곡선을 그릴 수 있도록 작업했다. 김동해 작가의 아트피스가 창에 비치면 반짝반짝 빛나는데 이 장면도 마음에 드는 부분 중 하나다.

　VIP 고객이 엘리베이터를 타고 내리면 제일 먼저 마주하는 루프탑의 응접실은 벽과 천장을 포슬포슬한 흙 질감의 소재를 썼고, 상반된 느낌을 주기 위해 피아노 도장 작업처럼 빛이 나게 유광으로 된 데스크를 응접실에 두었다. 대표 원장실도 같은 층에 배치했는데, 벽면에 말 꼬리를 활용한 아파라투스의 아트피스 조명으로 장식해서 원장님의 미적 감각에 대한 신뢰도를 높이고자 했다. 테크닉만 뛰어난 병원이 아니라 미에 대한 안목 자체가 높은 공간임을 강조하고 싶었다. 또 작은 야외 정원을 두어 밤에도 SNS 등을 할

수 있는 사적 공간을 만들었다.

4층으로 내려가면 VIP 스킨케어 룸이 있다. 천장고가 2.2미터밖에 되지 않아 키 큰 사람은 손이 닿을 수도 있는 공간이었다. 따라서 뭔가를 채우기보다는 꼭 필요한 것만 두고 온전히 쉴 수 있는 공간을 만들고자 했다. 광도를 일부러 높여 더 넓어 보이는 효과를 줬고, 전체적으로 베이지 톤에 포인트만 한두 가지 넣었다. 복도 벽면은 리셉션의 연장선이라는 측면에서 분홍색과 보라색 타일 모자이크를 체크무늬로 넣어 고전적인 분위기를 연출했다. 현장 규모가 매우 작긴 했지만 노후된 엘리베이터까지 교체하다 보니 공사는 오픈 시간에 맞춰 빠듯하게 진행됐다. 앞서 언급했듯, 좋은 클라이언트는 디자인에 대해 전적으로 믿어주는 거라고 했지만 사실 부담과 책임감은 배가될 수밖에 없다. 상대가 믿어준 만큼 실제 오픈했을 때 만족스럽지 못하거나 생각한 느낌이 나오지 않는다면 돌이킬 수 없기 때문이다. 내가 하고 싶은 대로 작업했기에 결과물에 대해 클라이언트 핑계를 댈 수도 없는 일이다. 이런저런 부담을 안고 주말까지 공사하며 여러 이슈도 겪었지만 결국엔 계획한 대로 잘 마무리되어 안도했던 프로젝트다.

| 의뢰 **후즈후** | 내용 **병원 디자인** | 면적 **661.2제곱미터**
| 장소 **서울특별시 강남구 청담동** | 완공 **2021년 7월**

As I Close My Eyes

클리니크 후즈후의원

진정한 휴식으로 얻는 아름다움

20

클라이언트 중에는 치열한 인생을 살았고 지적 능력이 뛰어난 분들이 많지만, 그중에서도 병원을 의뢰하는 클라이언트가 특히 자신이 생각하는 것이 정답이라고 여기는 사람들이 많다. 아마도 직업의 특성 때문에 그런 경향이 있는 듯하다. 물론 작업할 때 상대방의 의견을 늘 존중하는 태도로 임하지만, 클라이언트가 디자인에 대해 매우 확고하게 정답을 가지고 소통하려는 경우에는 우리가 제시하는 제안이나 설득이 받아들여지기가 쉽지 않다. 또 기능적으로 다양한 방을 만들어야 하고 신경 써야 할 요소가 많기 때문에 업계에서는 가급적 작업을 맡지 말자는 분위기가 형성되어 있다. 그런데 후즈후 피부과에서 우리 스튜디오에 작업을 의뢰를 한 것은 어쩌면 우리에게 이런 편견을 더는 갖지 말라고 하는 계기가 되어주려고 했던 것 같다.

원래 병원이 있던 압구정역 후즈후에서 미팅을 진행했는데, 클라이언트는 의사이지만 디자인에 대한 감각도 있고 욕심도 있어서 재미있는 작업을 하고 싶어 하는 분이었다. 그 마음이 진심으로 느껴져 함께 작업을 하기로 했다. 후즈후 피부과가 새로 둥지를 틀 곳은 압구정로데오역 인근, 갤러리아 백화점 맞은편의 신축 건물이었다. 건축사무소 SKM의 민성식 소장님이 만든 곳으로 통유리 건물 3~6층을 사용할 예정이었다. 사실 홍경국 원장님(후즈후 대표 원장)과 다른 한 곳도 같이 보았는데, 우리 둘 다 두 번째 건물은 눈에 들

어오지도 않았다. 반면 첫 번째 건물은 보는 순간 별다른 홍보 없이도 건물 자체로 사람들의 눈길을 사로잡을 거란 생각이 들었다. 해가 드는 외벽 부분은 루버들이 네모난 모양으로 둘러져 있는데, 후즈후의 공간이 이 건물의 심장부 같은 역할을 하면 좋겠다고 생각했다.

또한 갤러리아 명품관에서 횡단보도를 건널 때 존재감을 드러내는 현대적 건물이자 유명한 건축가가 지은 건물이기에 외관을 손대는 것보다 내부를 제대로 작업하는 것이 나을 것 같았다. 그래서 안에서 밖으로 발산할 수 있는 방법이 무엇일지를 고민했다. 내부에서 보면 채광이 깊숙이 들어오고, 통유리 창으로 밖을 보면 갤러리아 백화점, 한강, 남산이 보여 조망도 좋았다. 우리는 새 마음 새 뜻으로 기존에 있던 후즈후에서 완전히 탈피해 로고부터 BI, 의료진 유니폼까지 전체 브랜드를 리뉴얼하기로 했다. 대표 원장님은 병원의 이름도 후즈후 피부과 대신 클리닉 후즈후로 바꾸고 다시 시작하기를 원했다.

바쁜 일상 속 비움의 미학

후즈후를 찾는 분들에게 '빡빡하게 채워진 도심 한쪽에서 여백 같은 휴식을 취하고 몸과 마음을 회복하세요'라는 메시지를 주고자 민트색을 키 컬러로 잡았다. 기존 로고도 기오 스튜디오와 함께 개발해 쉼표를 심벌로 만들어 브랜딩을 해나갔다. A 옵션과 B 옵션 두 개를 제안했는데, 딱 보기에도 A 옵션이 공정도 더 많이 필요하고 시공 단가도 높아 보였다. 그럼에도 바로 A 옵션을 선택하셨고, 완성도 있게 잘 표현하고 싶은 마음이 샘솟았다. 건물 내부를 민트색 베일로 감싸고, 그 커튼이 3~6층에 걸쳐 내려와 있어 밖에서 봤을 때 하나의 긴 축처럼 보일 수 있게 만드는 것을 제안했다. 건물 외부에서 봤을 때 우리가 만드는 매스mass가 꽉 찼다고 느낄 수 있게 맨 위층의 상단과 맨 아래층의 하단은 끝까지 내려오지 않고 단면이 보이게 설계했다. 건물이 자리한 지역은 밤이 되면 다소 어두워지는데 우뚝 솟은 이 건물이 등대 같은 역할을 해줄 수 있을 것 같았다.

방문 – 웰컴 – 상담 – 가이드 – 에스코트 – 카운슬링 – 트리트먼트 – 회복. 고객의 동선을 이와 같이 총 8개로 분류했다. 프로젝트를 할 때마다 어떻게 하면 색다르게 보여줄 수 있을까에 초점을 맞췄다면, 이번에는 가장 병원다운 것이 무엇일까에 초점을 두었다. 병원 하면 떠오르는 안내 데스크와 그 안내 데스크 뒤로 보이는 로고, 그 앞에 앉아 있는 간호사 선생님들. 이 뻔한 장면을 탈피할 수 있는 방법을 찾아갔다. 3~6층을 사용하지만 한 층의 규모가 그렇게 크지 않기에 고객들이 엘리베이터 하나로 여러 층을 이동해야

했다. 그래서 동선을 최대한 헷갈리지 않게 그리고 재미있게 풀어내는 게 숙제였다. 그런 부분을 자세히 알기 위해서는 환자, VIP 고객, 의사, 간호사의 동선을 꿰고 있어야 했는데, 특히 원장님들과 간호사분들이 많은 도움을 주셨다.

우리는 리셉션을 3층에서 시작하지 않고 꼭대기인 6층에 배치해 고객이 위에서 내려오는 방식을 선택했다. 또 갤러리에 온 듯한 느낌을 주기 위해 벽에는 로고 대신 데이미언 허스트의 그림을 걸고 조형미가 돋보이는 금빛 테이블을 데스크로 두었다. 대기 공간은 딱딱한 공간이 아니라 쉴 수 있는 공간처럼 만들었다. 복도도 일반 복도가 아닌 파사주의 개념으로 접근해 갤러리 같은 형태로 바꿨고, 의료진도 고객에게 '내 뷰티의 동반자partaker'로 다가갈 수 있게 했다. 전체적으로 따뜻한 화이트 우드 톤을 사용했고, 민트색과 웨이브 메탈 같은 금속 소재, 커튼을 주요 요소로 넣었다. 건물 속의 건물처럼 한 겹 더 들어가는 공간을 만들었고, 이 공간을 우드 파티션과 민트색 커튼으로 가려 고객의 호기심을 불러일으키게 했다. 제일 아래층의 케어 룸이 있는 공간은 아치형의 긴 복도로 만들어 각 룸으로 들어가게 설계했는데, 은은한 간접조명이 비추는 복도는 성스러운 느낌마저 들었다. 특히 꼭대기 층은 앞서 언급한 대로 민트색 매스가 꽂혀 있는 마지막 구간인데, 천장에는 매스가 없어 케어 룸이 있는 층의 천장에 풍성한 간접 조명을 넣었다.

아무래도 피가 튈 수 있는 수술실이나 혈액 이동이 많은 공간은 오염되지 않고 항상 깔끔해야 하므로 좋은 소재보다 상대적으로 저렴한 소재를 사용했다. 그 대신 조명 등을 활용해 조금 더 공간의 다양한 형태를 보여줄 수 있도록 노력했다. 한정된 예산으로 인해 층별로 몇 가지 아이템은 포기해야 했고, 오픈 시기를 맞추기 위해 대체 마감재를 찾으며 고생을 했는데 결국 무사히 마무리했다.

외부에서 봤을 때 과연 이 모든 층이 하나의 심장처럼 연결되어 보일까? 수도 없이 고민하고 외부 렌더링을 확인하며 시뮬레이션 3D로만 상상해본 결과물을 마지막 오픈 준공 심사 당시 확인할 수 있었다. 나는 건물의 건너편에 서 있었고 무전으로 시공사에 불을 켜 달라는 사인을 보냈다. 조명이 탁 켜지는 순간 그토록 많이 상상했던 모습이 눈앞에 펼쳐졌다. 그 모습을 보며 통화를 하고 있으니 지나가던 행인들도 돌아보며 "우와" 하는 감탄사를 터뜨렸다. 주변의 반응 때문인지 아니면 내가 구현하고자 했던 모습 그대로여서 그랬는지 그 순간 소름이 돋았다.

신축 건물 특성상 변경이 어렵거나 구조 보양 작업을 해야 하는 등의 어려움이 있었으나, 마돈나 시공사도 일정에 맞춰 최선을 다해주었고, 대표 원장님도 재촉하지 않고 천천히 하라고 해주셔서 무사히 마무리할 수 있었다. 최대한 병원 같지 않은 병원을 만들고자 했지만 궁극적으로는 병원을 만들어야 했기에 그 사이 균형을 잘 잡는 것이 이 프로젝트의 핵심이었다. 완성 후 환자분들이 남긴 후기에 병원 같지 않고 명품 갤러리 같다는 이야기가 많아서 내심 흐뭇했다. 원장님도 여전히 내 얼굴을 케어해주시고 병원도 별 탈 없이 운영되고 있어 기쁜 마음으로 자발적 홍보도 하고 있다.

| 의뢰 **ㅊa** | 내용 **F&B디자인** | 면적 **99제곱미터**
| 장소 **서울특별시 성동구 성수동** | 완공 **2022년 5월**

스튜디오를 운영하면서 어느 순간 딜레마에 빠진 기분이 들었다. 볼륨감 있는 공간 작업, 브랜드 가이드 라인과 플래그십 작업 등 큰 규모의 일을 주로 하게 되면서 대중들이 좀 더 편하게 찾는 공간을 많이 만들지 못하고 있는 게 아닌가라는 생각이 들었다. 대외적인 종킴디자인스튜디오의 이미지 때문일까? 아니면 우리가 소위 가성비 좋은 설계를 하지 못한 걸까? 이런 고민을 하며 소소하지만 환기가 될 수 있는 작업에 목말라하고 있었다. 마침 그 시기에 성수동 카페 ㅊa 대표님에게서 연락이 왔다. 미팅을 하며 솔직하게 고백했다. 카페 작업을 많이 해보지 않아서 잘한다고 말할 수는 없지만 정말 욕심이 난다고. 당시 일정이 빠듯했지만 우리 스튜디오를 다니다 퇴사한 친구와 함께 재미있게 작업하면 좋을 것 같아서 저돌적으로 밀어붙였다.

협업에 대한 결정이 나기 전 업무차 부산에 갔다가 시간이 남아서면 거리를 걷다 충격을 받았다. 설계사가 각 잡고 한 것이 아니라 감각 있는 젊은 친구들이 컬러와 소품, 소재를 잘 활용해 예쁘게 꾸민 공간들이 넘쳐났다. 그 풍경을 보면서 나는 왜 굳이 모든 얼라인을 맞추고 설계상 정해진 치수에 목숨을 걸고 좋은 마감재를 써야한다는 생각에 사로잡혔었는지 반성하게 됐다. 모든 사람들을 이길 수 없겠다는 생각이 들어 이런 점을 클라이언트에게 솔직하게 이야기했고, 클라이언트도 적정한 예산에서 우리에게 같이 작업하자는 제안을 해주었다.

그리움을 불러일으키는 공간

초a 대표님은 앞으로 브랜드를 프랜차이즈화하고 해외에도 소개하고 싶다며 이번 리모델링을 의뢰했다. 따라서 우리는 이 브랜드가 어떻게 하면 블루보틀이나 교토의 %아라비카 커피처럼 확고한 인지도를 지닌 브랜드가 될 수 있을지를 함께 고민해야 했다. 우선 초a의 인기 비결을 알아보니 먹교수로 통하는 개그우먼 이영자 씨가 달고나 커피를 마시면서 유명세를 탔다. '달고나'. 어린 시절 국자를 태워가며 만들어 먹던 추억의 한국식 디저트에서 시작해야겠다는 생각이 강력하게 들었다. 한국적인 부분에 초점을 맞춰 '우리가 그리워하는 향수를 다시 체험하는 공간'이라는 테마를 만들었다.

그렇다고 해서 너무 레트로 감성이나 전통적인 느낌의 일차원적인 이미지를 만들고 싶진 않았다. 초a의 로고 자체도 한글 자음 치읓과 영문 모음 a를 합쳐 만든 것이기에 브랜드가 가진 모던함과 위트를 함께 녹일 수 있어야 했다. 일본의 차 문화가 심미주의적이고 정갈하게 차에 담긴 의미를 표현하는 거라면, 중국의 차 문화는 생활 속에 녹아 있는 예술 같은 느낌을 준다. 또 유럽의 차 문화는

'살롱 드 떼*' 문화처럼 상류층의 부와 매너를 대변하기도 한다. 그렇다면 한국의 차 문화는 어떨까. 순박하고 자유분방하며, 평화롭고 자연스러운 느낌이다. 화려한 연출 없이 자연을 마시는 행위 그 자체를 즐긴다고나 할까. 시안에 사용할 사진을 찾던 중 가장 마음에 든 것은 길거리에서 뻥튀기 기계로 뻥튀기를 튀기는 장면이 나온 흑백 사진이었다. 1960~1970년대쯤으로 보이는 거리에 사람들이 뻥튀기 기계를 빙 둘러선 채 구경하고 있는데, 귀를 막고 있는 사람, 지나가는 사람, 웃고 있는 사람 등 다양한 모습이 유쾌하게 느껴졌다. 또한 뻥튀기가 터지는 장면으로 인해 주변 시장의 분위기와 냄새가 느껴졌다. 그런 향수 어린 풍경처럼 하나의 일관적인 언어가 필요하다는 생각이 들었다. 그래서 카페를 주문하는 공간, 대기하는 공간, 차 마시는 공간이 구분되어 있지 않고 혼재되어 있는 모습 그 자체가 한국의 차 문화라고 정리하게 됐다.

ㅊa는 99제곱미터(약 30평) 크기에 천장고도 낮았고 오래된 건물에 자리하고 있었다. 문도 여러 군데로 뚫려 있고, 한국 문화를 살리기 위해 마천석 같은 요소가 곳곳에 숨겨져 있었다. 레이아웃을 잡을 때는 F&B 관련 작업을 많이 해보지 않았기에 대표님에게 주

---

* 문화와 이야기를 나누며 교류하는 것을 말한다.

방 계획이나 카페 기계, 커피에 대한 지식 같은 것들을 많이 물어가며 작업했다. 갈팡질팡하며 고민한 흔적이 고스란히 보이는 프레젠테이션에는 총 네 가지 옵션이 들어갔다. 한 번 꺾어서 들어가는 공간, 일자로 탁 트인 공간, 앞을 비우고 뒤를 살리는 방식 등 다양한 시도를 했다. 클라이언트는 네 가지 모두 좋아했고, A 시안과 C 시안을 조합해서 가는 걸로 결정이 났다.

기존의 공간은 입구까지 통유리 창문으로 되어 있었는데, 이 창 부분을 뒤로 후퇴시키고 거기에 아웃도어 가구를 두었다. 오른쪽 한 벽면에는 ㅊa 로고를 네온사인으로 달고, 기오 스튜디오가 '달고나' 단어를 풀어헤쳐 패턴으로 만든 이미지를 배경으로 넣었다. 앨범으로 치면 인트로곡을 넣은 것이라고 할 수 있다. 그만큼 활용할 수 있는 공간은 줄어들었지만, 주변의 여타 카페들과 구별되어 고객의 눈길을 끄는 데 성공했다. 클라이언트 입장에서는 고민이 될 법했지만, 독특한 개성을 지닌 성수동 카페들 가운데서 하나의 전환점이 되는 카페가 되어야 한다는 우리의 의견에 흔쾌히 동의해주었다. 우리는 밤에도 반짝반짝 빛나는 공간이 필요하다고 생각했다.

카페 내부로 들어가면 오른쪽에 길쭉한 바가 있고 안쪽에는 바 테이블, 왼쪽에는 좌석 공간이 있다. 간접조명을 최대한 많이 이용해서 손님이 들어오면 편안한 분위기를 느낄 수 있도록 했고, 낮은

커피 테이블 대신 한국의 가구 작가인 고재효님에게 부탁해서 만든 일반 식탁 높이 테이블을 두었다. 의자도 큰 소파 대신 벤치 같은 가벼운 느낌의 의자로 골랐다. 처음에 좌석이 다양하게 있었으면 좋겠다는 클라이언트의 요청이 있었으나, 매장이 작아 바 테이블 의자와 벤치 두 가지로 두기로 결정됐다. 카페의 중심이라고 할 수 있는 바가 묵직하게 들어가기 때문에 다른 요소들은 최대한 간결하고 단정하게 연출했다. 스탠딩 조명 역시 유명 조명 디자이너인 마이클 아나스타시아데스의 간결하지만 강렬한 작품으로 선택했다. 한옥 기와와 담장에서 영감을 받은 색을 쓰기로 했는데, 기와의 검은색과 진청색이 많이 들어가는 건 너무 어두워 보이므로 조금 더 밝았으면 좋겠다는 피드백이 있었다. 그래서 자리를 많이 차지하는 검은색 바를 옆에서 보면 은은한 청색으로 보이도록 메탈 소재를 사용해 묘한 분위기를 연출했다. 기존에 있었던 기둥들과 건축적인 요소를 모두 가리기에는 공간이 너무 작았기에 오히려 그걸 더 부각시키고 천장고를 높였다. 그 대신 기존에 쓰던 에어컨이 노출되지 않도록 모두 매립해 깔끔하게 만들었다.

카페가 오픈하고 보니 화장실에 가려고 바를 끼고 돌아 들어가야 하기 때문에 직원들이 일하는 공간이 살짝 보였다. 주방과 카운터, 바 테이블이 각기 분리된 것이 아니라 어느 정도 공유되는 문화, 그 점이 바로 한국적인 것이 아닌가라는 생각이 들었다. 일부러 전통적인 요소를 넣지 않아도 과거와 현재가 자연스레 뒤섞인 공간. 어딘지 모르게 익숙하고 친근한, 그리워했던 편안함이 느껴지는 공간. 깔끔하게 정돈된 그곳에 나의 언어도 녹아 있다.

5부

전시‥ 마음으로 기억되는 공간

| 의뢰 **삼성전자** | 내용 **전시 디자인** | 면적 **15제곱미터**
| 장소 **삼성 디지털프라자** | 완공 **2019년 6월**

Everything Touched
by the Hand Becomes Art

프로젝트 프리즘

기술이 예술이 되는 순간

22

'시절인연'이라는 말이 있다. 좋은 때에 기회가 찾아오면 일이 잘 풀리고 인연을 맺을 수 있지만, 때가 맞지 않으면 아무리 인연을 맺으려 애를 써도 맺을 수 없다는 뜻이다. 마르틴 베르제는 프랑스에서 일할 때 인연을 맺은 파트너인데 한국에 돌아올 때도 계속 함께 작업하고 싶어 샘플까지 챙겨왔다. 그의 아틀리에에서 만드는 소재는 하나하나 다 예술작품 같아서 국내 유통업체와 연결해주면 좋겠다는 생각을 항상 했는데, 마침 삼성전자에서 비스포크 출시와 관련해 의뢰가 들어왔다.

　비스포크는 고객이 원하는 대로 주문 제작해주는 맞춤형 생산 방식을 뜻한다. 삼성에서 이 개념을 가전에 쓰기 시작하면서 새로운 트렌드를 만들었고, 이제는 신혼 가전의 대명사가 됐다. 또한 비스포크라는 단어는 이제 원래의 뜻보다 '삼성 비스포크'라는 말로 더 알려져 있고, 이것은 하나의 혁신적인 아이템으로 자리 잡았다. 의뢰 내용은 삼성 비스포크 냉장고의 론칭을 알리는 쇼케이스에서 여러 디자이너와 아티스트가 각자의 개성을 살린 비스포크 냉장고를 제안하는 작업이었다. 나는 한국의 다른 다섯 명의 작가들과 함께 초대되었는데, 딱히 정해진 룰은 없었다.

지속 가능한 아름다움

당시 나는 직업적인 딜레마에 빠져 있었는데, 아무리 좋은 브라질산 원석, 이탈리아산 원목 마루, 화석 같은 대리석, 천연 가죽을 써도 그 공간이 없어지거나 다른 곳으로 이사를 갈 때면 그 모든 것이 결국엔 산업쓰레기가 된다는 사실이 나를 힘들게 했다. 정말 정성을 다해 하는 일인데 결국 최고급 산업쓰레기를 만드는 것 같다는 자괴감이 들었다. 그래서 항상 그 공간에 맞는 아트피스를 함께 제안하고 있다. 혹시나 공간이 없어지고 이동을 하더라도 그 아트피스는 클라이언트와 같이 이동해 긴 시간을 함께 보낼 수 있기 때문이다. 그래서 비스포크 작업을 할 때도 다른 작가들은 각자의 전시 부스 공간의 크기를 넓게 달라고 요청했지만 나는 공간보다 포인트 딱 하나로 승부하겠다는 생각을 했다. 그렇게 생각하니 압도적인 존재감을 가진 마르틴 베르제가 떠올랐다.

친환경 마케팅이 대두되며 지속 가능한 작업에 대한 부분도 항상 간과할 수 없게 됐다. 이때 분해가 잘되는 친환경 소재나 재활용 소재를 쓰는 생각은 일차원적이다. 가전이든 공간이든 오랜 시간 쓰고 싶은 가치를 지녀 그 작업의 생명이 오래가도록 하는 것 자체도 지속 가능성의 일부라고 생각하기 때문이다. 마르틴 베르제가 다루는 소재의 장점은 소장하고 싶은 하나의 작품과 같다는 점이다. 작가가 실제 붓 혹은 굵은 빗 같은 도구로 하나하나 터치를 해

만든 것이라 촉감과 질감의 깊이를 느낄 수 있고, 마감재가 단 하나도 같은 것이 없다. 그래서 내가 하고 싶은 이야기와 딱 맞아떨어졌다. 내가 고민해야 할 것은 이 작품을 냉장고와 연결해서 더 웅장하고 예술적으로 보여주는 방법을 찾는 일이었다. 냉장고의 전면부뿐만이 아니라 냉장고를 둘러싼 벽도 동일한 마감재를 사용해 채웠다. 이때 분할 비율과 줄눈 간격을 보면서 가장 돋보일 수 있는 비율을 찾는 데 집중했다. 냉장고에 생길 수밖에 없는 가로, 세로 폭라인이 있는데 이를 그대로 따랐다면 아주 촌스러웠을 것이다.

이런 공간 완급 조절과 거울 소재를 활용해 무한대로 확장되게 보여주는 효과 등 하나하나 계산을 해가며 작업했다. 또 빛을 작품의 곡면에 어떻게, 어느 방향으로 쏘아야 작품이 더 우아하고 입체적으로 보일지를 고민했다. 2~3일 안에 설치가 완료되어야 하는 작업이었기에 매일 현장에 가서 체크하고 마르틴 베르제와도 함께 현장에서 의견을 주고받으며 애를 썼다. 우여곡절도 있었는데, 내 작업 제작비가 작가들 중 제일 높았던 탓에 마지막까지 할 수 있을지에 대한 논의가 이어졌다. (응고 마감재 가격이 높아 나를 제외해야 할지를 두고 클라이언트가 속을 태웠다고 한다.) 다행히 함께 작업할 수 있게 됐고, 결과적으로 모든 작가가 각각 다른 스타일의 작업을 보여줘서 성공적인 쇼케이스였다고 할 수 있다.

어떤 사람들은 "이게 어떻게 종킴이 한 거야. 마르틴 베르제가

다 한 거지"라고 이야기하기도 했는데 사실상 맞는 말이기도 하다. 나는 공간 디자이너로서 이 소재를 활용해 큐레이션하고 그 작가의 작품과 냉장고를 어떻게 더 돋보이게 할 것인지를 주로 고민했기 때문이다. 항상 작업할 때마다 새로운 소재를 발굴하는 일에 욕심을 내는데, 이런 프로젝트를 계기로 새로운 아티스트들과 새로운 마감재 시장을 열고 싶다. 덕분에 쇼케이스 포토월에도 서보고, 하루 두 번 프레스 행사에 참석하느라 새벽과 오후, 하루에 두 번 화장해보는 재미있는 경험도 했다. 한국에 돌아와 처음으로 일한 곳이 삼성 무선사업부였기에 삼성전자는 항상 친정 같은 마음이 드는 곳이다. 이전에 일했던 수원 삼성디지털시티에 첫 미팅을 하러 갔던 날은 설레기도 하고 만감이 교차하기도 했다. 비록 1년밖에 다니지 않은 회사지만 이렇게 작가로 초청되어 협업을 하게 되어 기뻤고, 아트피스 제작을 믿고 맡겨주니 더욱 기분 좋게 일을 했다. 론칭 행사 현장에 당시 상사였던 이영희 사장님도 오셔서 같이 사진도 찍고, 나가서 더 성공했다고 얘기해주셔서 굉장히 뿌듯했던 기억이 난다.

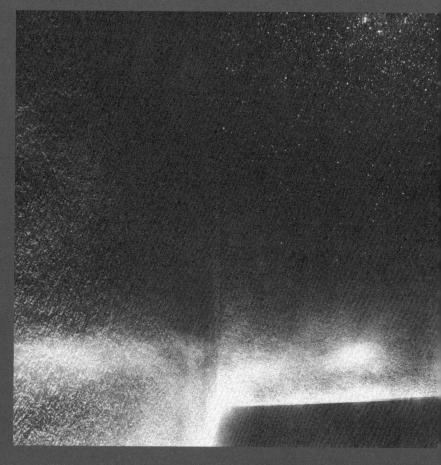

| 의뢰 **서울리빙디자인페어** | 내용 **전시 디자인** | 면적 **81제곱미터**
| 장소 **서울특별시 강남구 삼성동 코엑스** | 완공 **2022년 2월**

Con-sol-ation

디자이너스 초이스

공감을 통한 위로의 공간

23

2017년, 종킴디자인스튜디오가 문을 연 지 6개월도 채 되지 않았을 때 운 좋게 서울리빙디자인페어에 초대되어 '디자이너스 초이스' 전시를 열게 됐다. 해당 연도에는 백종환 소장님, 강정선 실장님과 나, 이렇게 세 명이 초대됐는데, 업계를 이끌어가는 선배님들과 어깨를 나란히 하는 자리에 설 수 있다는 것만으로도 영광스러웠다. 돌아보면 이 디자이너스 초이스 전시 이후 우리 회사의 방향성을 잡아갔던 것 같다. 많은 이들에게 우리 스튜디오를 알릴 수 있었던 작업인 구호 플래그십 스토어도 이곳에서 마영범 고문님을 만나 인연을 맺고 작업했기 때문이다. 당시에는 일이 지금처럼 많지 않기에 5일 내내 전시장에 나가 손님맞이를 했고, 전시장 구석구석을 팀원들과 함께 직접 설치했다. 잠들기 전 그때의 기억을 떠올리면 지금도 미소가 지어지는데, 일생에 한 번 할 수 있었던 전시이지 않을까 생각한다. 한 번 더 하면 참 재미있겠다는 생각을 하고 있었지만 매해 새로운 디자이너를 선정해 전시 의뢰를 하기 때문에 실상 앞으로는 기회가 없겠다고 생각하고 있었다. 그런데 2021년 말 주최 측에서 다시 연락이 왔다. 1월에 열리는 27회 서울리빙디자인페어에서 다시금 디자이너스 초이스 작업을 해보지 않겠냐는 제안이었다. 막상 제안을 받자 처음엔 당황스러웠다. 작업해야 할 프로젝트로 일정이 꽉 차 있었고, 이전엔 주최 측에서 전시 주제를 정해줬으나 이번엔 디자이너가 원하는 주제로 전시 부스를 꾸며야 한다고 했기 때문이다. 막막하기도 했고 두 번째 하는 것이니 부담감도 밀려왔다. 그리고 "또 종킴이야?" "일도 많다면서 이것도 하네?"라는 말을 들을 것도 예상됐다. 고민하던 찰나 이런 생각이 들었다. "기회를 놓치지 말고 그냥 부딪쳐보자" 이번에도 그렇게 또 도전하게 됐다.

우리에게 필요한 이야기

주어진 공간은 가로 9미터, 세로 9미터. 정해진 공간에서 올해의 테마를 정해 디자이너로서 관객과 소통할 수 있는 전시를 해야 한다. 규모도 작고 지원되는 금액도 한정적이라 그 안에서 최대한 내가 할 수 있는 이야기가 무엇일지를 곰곰이 떠올려봤다. 내가 지금 하고 싶은 이야기는 뭘까? 지금 이 순간의 내 심정을 얘기하고 싶었다. 코로나19 팬데믹으로 모든 것이 멈추고 일상을 빼앗겼을 때, 나는 BTS의 노래 〈다이너마이트〉를 듣고 큰 위로를 받았다. 뮤직비디오를 보는데 일곱 명의 청년들이 전 세계 사람들에게 응원과 희망의 메시지를 전하는 모습이 정말 멋있게 보였다. '멋있으면 다 언니'라는 말처럼 나 역시도 멋있으면 다 형, 누나라고 하는데 김연아 누나처럼 BTS를 형으로 부르기로 했다. 그런 모습을 보면서 나

또한 이 시대를 살아가고 있는 동종업계 사람들과 디자이너들에게 작은 위로를 줄 수 있을 거라고 생각했다. 더 나아가서 일반 관객들에게도 위로가 됐으면 싶었다.

BTS처럼 긍정적인 메시지를 전하는 위로의 공간을 만들어볼까 생각도 했지만 결국 당시 내가 겪고 있는 힘듦과 어려움을 노출하면서 위로를 해보자고 결론을 내렸다. 겉으로 보이는 즐겁고 화려한 나의 일상 대신 내면의 어두운 부분을 밖으로 꺼내 보기로 했다. 아버지가 돌아가신 후 나를 가장 위로해준 메시지는 나보다 2년 먼저 아버지를 여읜 친구의 말이었다. "힘내" "힘들지만 밥 챙겨 먹어"라는 수많은 말보다 "나도 똑같이 그 경험을 했고, 그건 정말 힘든 시기일 거야. 나도 되게 힘들었어"라는 메시지가 진심으로 위로가 됐다. 누구나 다 겪는 일이지만 내가 좀 일찍 겪었다는 것을 깨달은 순간 이 힘듦을 견딜 수 있는 힘이 생겼다.

한편 나는 디자이너로서 본업을 하면서 SNS를 활용해 인플루언서의 역할도 하고 있는데, 이 때문에 항상 화려하고 좋은 부분만 보일 수밖에 없다. 그런데 인플루언서로서 돈을 벌고 마케팅을 하는 내 모습을 보며 상대적 박탈감을 표현하는 사람들이 간혹 있다. 하지만 나라고 상황이 매번 좋을 순 없다. 이전에는 공간 디자이너로서 계약에 성공했을 때 희망차고 설레는 느낌이 있었다면, 요즘은 이 매장이 오픈했다가 문 닫으면 어떡하지? 잘 버텨줄 수 있을까?'

하는 걱정이 앞선다. 자식 같은 마음으로 작업한 공간이 순식간에 사라지는 걸 보는 일은 스트레스를 넘어 슬픔으로 다가온다. 상황이 이렇다 보니 과연 내가 지금 이렇게 인플루언서로 활동하는 것이 맞는지에 대해 고민이 많다. 하지만 종킴디자인스튜디오의 직원은 많아졌고, 나는 회사를 운영해야 한다. 어디 가서 활발하게 영업을 하는 사람이 아닌 나에게 SNS가 나만의 영업 수단 중 하나인 셈이다. 모두가 힘든 시기를 지나고 있는데 나도 그렇다고, 같은 고민을 하고 있고 그 어둠을 극복하려 노력 중이라는 메시지를 전하고 싶었다.

피지 못한 꽃도 아름답다

전시장 내부를 검은 마감재로 채워 어둡게 만들었다. 연필심의 흑연으로 만든 무니크라는 우드 패널인데, 유앤어스에서 직접 만들어 이번 프로젝트에 적극적인 도움을 주었다. 매끈하지 않고 울퉁불퉁한 촉각에서 받는 위로가 있기에 선택했고, 오감 중 미각을 제외한 나머지 감각을 모두 사용하고자 한 전시 의도와 맞았다. 검은 공간에 들어오면 카네이 웨스트의 강렬한 비트의 음악이 나오고 뿌연 연기가 시야를 방해하는데, 그것이 안개처럼 사물이 멀리 있

는 듯한 효과를 주어 공간에 미스터리적인 느낌이 더해진다. 또한 담배의 연기와 향 때문에 숨 쉬기가 힘들다는 관객도 있었는데 그게 바로 내가 원하던 효과였다. 답답하고 막막하도록 계속 연기와 향이 은근하게 공간을 메우도록 했다. 차분한 명상 음악 대신 카네이 웨스트를 튼 이유는 그의 노래에 '신은 항상 같이 숨 쉬고 있다'라는 가사가 나오기 때문이다. 나는 신을 믿는 사람은 아니지만 힘든 시기에 기댈 곳은 어쩌면 신밖에 없을지도 모른다는 생각이 들었다. 신앙심이 있든 없든 어떻게 될지 아무도 모르는 이 시기를 잘 지나가게 해달라고 비는 수밖에. 결과적으론 이 음악도 제 역할을 톡톡히 했다. 누군가가 남긴 행사 리뷰 중 '우아하기만 한 리빙 페어에 어둡고 강한 음악이 나오는 공간이라 좋았다'라는 것도 있었다.

안개 뒤로 작은 파빌리온이 있는데, 그곳은 환하고 밝다. 기둥으로 세운 벽에는 여러 사정으로 공개되지 못한 공간들, 완성됐지만 문을 닫은 곳들, 일하면서 매우 힘들었던 프로젝트들의 디자인 스케치를 전시했다. 컨설팅을 하고 성공적으로 이끌었던 프로젝트와 전략서는 제출했지만 빛을 보지 못한 작업들의 그림도 넣어 스스로 반성하는 의미를 담았다. 천장에는 은빛 잎사귀 모양의 패널이 매달려 있는데, 꽃잎 개수는 지금껏 종킴디자인스튜디오에서 작업한 프로젝트 수를 뜻한다. 우리 디자이너들이 한 작업들이 어디서든 반짝이고 있다는 점을 표현하고 있다.

5년 전과 똑같이 행사 기간인 5일 동안 무조건 행사장에 가겠다는 다짐을 하고 이 작업을 시작했다. 그래서 하루 종일 있던 날도 있었고 일 끝나고 행사장에 들렀다가, 야근하러 다시 스튜디오로 돌아가는 날도 있었다. 몸이 여러 개였으면 좋겠다 싶을 정도로 힘들기는 했지만 많은 사람들을 만나면서 위로받을 수 있었다. 작은 공간을 빙 둘러 줄 서 있는 관객들을 만나 궁금해하는 건 직접 대답해주고 싶었다. 마지막 날은 끝나는 시간까지 길게 줄을 서서 기다리시는 걸 보고 너무 죄송한 마음에 전시한 그림을 가져가서 일일이 사인해서 선물로 드렸다. 뜨거운 5일을 보내고 집에 돌아오자 조금은 허탈했지만 어딘가 충만하게 채워진 느낌이 들었다. 위로의 공간을 만들었고, 그 공간에서 위로받았다는 사람들을 통해 다시 위로받는 일. 이것이 전시 이후 내게 남은 것이다.

　요즘은 메타버스 공간을 설계하는 일에 대한 문의도 들어온다. 그런데 나는 아직 마음의 준비가 안 됐다. 지금은 메타버스 일을 거절하고 있지만 이 업계도 뭔가 바뀌고 있는 것 같다. 이 변화를 나는 아직도 부정하고 싶은 걸까? 이 막막함은 열여섯 살에 홀로 유학길에 올라 프랑스 파리에 도착했던 날의 막막함과 같은 무게처럼 느껴진다. 다만 조금 위안이 되는 건 당시에도 그저 순리대로 가고자 하는 길을 거침없이 갔더니 문제가 해결된 것처럼 지금도 그렇게 가보면 해결될 것이라는 점이다.

| 의뢰 **선시티** | 내용 **모델 하우스 디자인** | 면적 **1,961.9제곱미터**
| 장소 **부산광역시 기장군 기장읍 오시리아** | 완공 **2022년 4월**

라우어 갤러리 프로젝트는 종킴디자인스튜디오나 클라이언트에게나 무모한 도전이라고 할 만한 작업이었다. 부산 기장군 오시리아 관광단지 내에 위치한 메디 타운 개발 사업으로 총 일곱 개 동이나 되는 거대한 프로젝트였다. 국내 최초로 시니어를 위해 롯데호텔앤리조트에서 특급호텔 컨시어지 서비스를 제공하는 프리미엄 시니어 레지던스 단지로, 시니어 타운과 헬스 타운, 메디컬 센터, 근린생활시설, 한방병원 등이 한데 모여 있다. 우리는 그중 시니어 타운인 라우어의 펜트하우스와 원룸, 다양한 부대시설의 디자인을 맡게 됐다. 얼떨결에 계약을 하고 보니 이걸 정말 할 수 있을까 싶을 정도로 버거운 프로젝트였다. 사실 디자이너들이 우리 같은 아틀리에 회사에 입사하는 이유는, 규모가 작은 프로젝트지만 디테일을 챙길 수 있고 바로바로 결과물이 나와 성취감을 느낄 수 있기 때문이다. 그런데 그런 일을 좋아하고 잘하는 친구들에게 이런 프로젝트를 전하게 됐고, 글을 쓰고 있는 지금도 이 프로젝트를 1년째 작업하고 있으며, 무려 완공되기까지 3년 정도의 시간이 더 걸릴 예정이니 처음으로 최장기이자 최고가 예산의 프로젝트가 된 셈이다.

시니어 타운은 삶의 마지막 전성기를 누리는 터전이다. 부산 오시리아 관광단지는 기장의 아름다운 해변과 아난티 코브, 이케아, 롯데 프리미엄 아울렛 등이 인접한 곳이어서 시니어 타운은 천혜

의 자연 경관을 누리며 진정한 럭셔리 라이프를 경험할 수 있게 계획됐다. 다채로운 쇼핑 타운과 문화 레저 시설, 편리한 교통망까지 갖춰 가족 모두가 즐길 수 있는 것이 가득한 곳. 주거 시설 내에는 케어 룸, 목욕탕, 골프 연습장, 헬스장, 도서관 등 주민들을 위한 커뮤니티 시설도 촘촘하게 마련된다. 건강한 삶과 여유로운 일상의 조화가 이뤄지는, 하이엔드 콘텐츠가 있는 공간을 만드는 것이 우리의 과제였다. 이곳에 입주할 시니어들을 상상하며 작업을 하던 중 시니어 타운의 모델하우스 분양 홍보관을 만드는 작업 의뢰가 추가로 들어왔다.

최근 오픈하는 강남의 최고급 오피스텔 모델하우스의 특징은 직접적으로 집을 보여주는 것보다 그곳에서 향유할 수 있는 라이프 스타일을 전달하고 거기서 이루어지는 서비스를 은유적으로 표현하는 갤러리 형태라는 점이다. 그러나 이곳의 타깃층인 시니어에게는 더 직접적으로 서비스 형태를 설명하고 유닛 설계를 보여줄 수 있는 공간이 필요했기 때문에 트렌드와 전형적인 방식을 적절히 섞어서 진행해야 했다. 건물 외관부터 보통의 모델하우스와는 차별화하고 싶었지만 예산이 정해져 있었기에 내부에 집중하기로 했다. 기장에 신축 가건물을 지어 공간을 만들어야 하는데 건축법에 따른 규제도 많고, 건축사도 있어야 했고, 심의 통과 등 다양한 문제도 발생했다. 우리만의 힘으로 풀어 가기엔 역부족이어서 결국 우리나라에서 모델하우스 제작을 전문으로 하는 일급 업체와 협업을 하며 도움을 받았다.

풍요로운 제2의 전성기

타깃층의 연령대가 높다고 해서 너무 고전적이거나 예스러운 분위기가 나도록 하는 건 고객에 대한 예의가 아니라고 생각해 그렇게 하지 않기로 처음부터 마음먹었다. 실제로 요즘 시니어 세대는 다르다. 젊은이들보다 훨씬 열정적이고 당당한 삶을 사는 사람들이 많다. 그분들이 제2의 전성기를 누리며 새로운 활력소를 찾을 수 있게 만드는 것이 1차 목표였다. 우리 부모님이 지내실 수 있는 곳이어야 한다는 생각으로 풍요롭게 살 수 있는 방법을 고민하며 설계했다. 시각적으로만 보여주는 풍요로움이 아니라 같은 시간을 보내도 이곳에서 더 활력 있고, 행복하게 지내는 풍요로움에 초점을 맞추고자 했다.

행복, 용기, 인사 같은 이야기를 하는 것으로 테마를 잡고 작업에 들어갔다. 풍요롭고 행복한 느낌을 주기 위해 잔잔한 꽃을 섞어 넣었는데, 꽃이 죽음과 연관되고 다소 예스럽다는 시니어층의 피드백을 받아 보완했다. 라우어 로고에는 해조류 같은 이미지가 섞

여 있는데, 최고의 디자인 팀이라고 할 수 있는 디자인 스튜디오 CFC가 진행한 것이다. 이 심벌에서 영감을 받아 바다와 바람 등 지형적 특성을 살릴 수 있는 소재를 많이 활용했다. 모델하우스에 입장하면 깊은 바닷속으로 들어온 것 같은 전실이 등장한다. 전시의 효과를 주고자 벽의 발광판 앞에 파도를 프린트한 커튼을 두르고, 가운데에는 어른거리는 물 위에 섬처럼 떠 있는 라우어 심벌 로고를 넣었다. 이렇게 신비로운 분위기의 장소를 지나 안쪽으로 들어오면 밝은 라운지가 등장한다. 라운지 천장에는 디자이너스 초이스 전시에서 사용한 적 있는, 은빛 잎사귀 모양 패널 조각들을 매달았는데, 인생의 조각들이 하나하나 연상되게 하려는 의도로 작업했다. 라우어 홍보 소개 영상을 볼 수 있는 영상실과 라우어 조감도, 모형을 볼 수 있는 공간, 상담받을 수 있는 공간까지 물 흐르듯 동선이 이어지도록 만들었다. 독립적으로 상담을 받을 수 있도록 아치형 오픈 룸을 만들었고, 누디한 컬러로 채워 우아하고 단정한 이미지를 연출했다.

크고 웅장한 계단을 따라 2층으로 올라가면 또 다른 전시 공간들이 등장하는데, 올라가는 길의 벽면에도 로고에 사용된 해조류 패턴을 가득 채워 싱그럽고 밝은 희망찬 기운을 주려고 했다. 2층 전시 공간은 영상실처럼 최대한 조명도를 낮추고, 조감도 이미지 등에만 핀 조명과 간접조명을 달아 강조하는 효과를 줬다. 각 유닛 타

입을 볼 수 있는 공간에서는 살게 될 집의 모형을 더 상세히 확인할 수 있는데, 펜트하우스의 경우 VIP를 위한 공간을 만들어 별도로 상담할 수 있도록 했다. 마지막으로 라우어 운영사, 협력사들에 대해 소개해주는 공간이 있고, 1층으로 내려오면 상담을 받고 집을 계약할 수 있도록 상담실로 연결되는 동선을 만들었다. 이처럼 기존의 모델하우스와는 차별화된 동선을 구성해 각 순서에 차이를 두었다.

　모델하우스가 오픈하고 나니 그제야 마음이 놓였다. 전체적으로 동선과 공간 순서, 스토리텔링을 잘 연결한 프로젝트였다고 자부할 수 있다. 작업하는 내내 나와 팀원들을 살뜰히 챙겨주신 선시티 대표님과는 가족처럼 친해져 즐겁게 일하고 있다. 처음 하는 작업이라 시행착오도 많았고 포기하고 싶은 순간도 있었지만 해보지 않은 길을 갔기에 두 번째부터는 더 잘할 수 있는 용기도 생겼다. 이를 통해 또 배우고 발전했는데, 기존에 우리는 대부분 규모가 작은 전시 공간 작업을 했지만 모델하우스처럼 큰 공간을 해보면서 관련 법규 등 새롭게 배우게 된 점이 많았다. 앞으로 완성까지 긴 시간이 걸리는 라우어 작업도 잘 연결해서 진행할 수 있을 거란 확신이 든다.

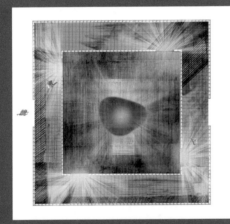
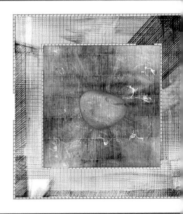

| 의뢰 DDP | 내용 **전시 디자인** | 면적 **100제곱미터**
| 장소 **슈퍼스튜디오 이벤트홀(이탈리아 밀라노)** | 완공 **2023년 4월**

⟨DDP 서울라이즈⟩ in 2023 밀라노 디자인위크

떠오르는 서울

25

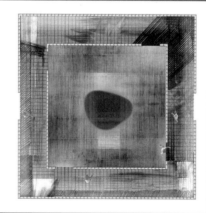

2022년부터 서울디자인재단(DDP 운영)의 디자인 운영위원을 맡아 2년째 함께 일하고 있다. 올해는 디자인 론칭 페어의 큐레이터로 활동하고 있는데, DDP가 2023 밀라노 디자인 위크에 브랜드 부스를 꾸려 참여하게 되면서 해당 공간에 대한 방향성을 제안해 달라는 요청을 받았다. 이번 밀라노 디자인 위크는 코로나19 팬데믹으로 지난해 쉬었다 다시 시작하는 터라 전 세계 관계자들이 모두 기대하고 있었다. 방향성만 제시하는 프로젝트이기에 우리가 제안한 내용들이 잘 구현될 것인지에 대한 걱정이 많았지만 우리 팀원들이 현지에 가서 새로운 경험을 할 수 있는 좋은 기회가 될 것 같아 작업을 맡기로 했다.

디자인의 중심에서 서울을 외치다

서울을 생각하니 가장 먼저 'Rise'의 이미지가 떠올랐다. 서울 + 라이즈를 염두에 두고 아이디어 회의를 진행했다. 수많은 명품 패션 브랜드들의 패션쇼 및 전시 요청을 받는 도시, 패션과 건축의 도시, 현대와 전통이 공존하는 라이프 스타일로 주목받고 있는 도시, 서울. 이렇게 세계인의 이목이 쏠리는 도시를 표현하기에는 'SEOULISE' 대신 'SEOUL:ize'가 더 잘 어울릴 것 같았다. 테마를

정하니 프로젝트는 일사천리로 진행됐다. 기오 스튜디오의 신기오 실장에게 서울라이즈 디자인을 의뢰해 로고를 제작했고, DDP 직원들이 입고 일하는 기존 유니폼에다 서울라이즈 디자인을 넣어 유니폼도 새로 만들었다.

문제는 아이디어 각축전이 벌어지는 그 현장에서 우리 부스를 어떻게 눈에 띄게 할 것인가 하는 점이었다. 또한 사람들이 작은 부스 안으로 들어와 그 작은 제품들을 집중해서 볼 수 있도록 어떻게 환경을 만드느냐 하는 것도 문제였다. 주어진 것은 정사각형 형태의 100제곱미터 남짓의 작은 공간. 여기서 보여줘야 할 물건은 DDP에서 기획한 공예품들이었다. 밖에서 봤을 때 안에 뭐가 있는지 호기심이 생겨야 부스 안으로 들어와 제품을 볼 것이기 때문에 여러 가지 방향을 고민했다. 우선 사각 공간에 이중 레이어드를 치고 사람들의 호기심을 자극하기로 했다. 밖에서 볼 때는 반투명의 흰색 벽이지만 내부에 들어서면 화려한 미디어아트가 펼쳐진다. 베일로 가려져 있지만 그 속으로 들어가면 신비로운 미디어아트가 펼쳐지는 큐브 속에 큐브가 있는 형태로, 시스루처럼 은은하게 내부를 보여주며 미스터리적인 분위기를 연출해 호기심을 자극했다.

이 경우 공간의 명암 조절이 중요했기에 항상 멋진 퍼포먼스를 보여주는 조명 설계 회사 폼기버와 함께 작업했다. 부스 제일 안쪽에 있는 포인트 공간은 어둡게 해서 핀스폿 조명을 두었고, 그곳

벽면에 신비로운 미디어아트의 세계가 펼쳐지도록 했다. '자각몽: 5가지 색' 등 서울 DDP 건물 외관에서 진행했던 라이팅쇼 '서울라이트' 프로젝트를 틀었다. DDP에서 선보이는 13종의 제품은 큐브와 큐브 사이에 있는 복도에 공간을 만들어 전시했다. 부스 사면에 입구를 만들고, 출구는 하나로 만들어 부스를 둘러보고 제품을 감상한 뒤에 나갈 수 있도록 했다. 기획안은 하루 만에 확정됐다. 디자인 설계를 바탕으로 밀라노에서 실제 부스를 만들어 실행하는 것은 EMW 디자인에서 담당했다. 우리 손을 떠났지만 이들과 자주 의견을 주고받으며 완벽한 결과물을 위해 함께 노력했다.

마침내 밀라노 디자인 위크가 시작됐고, 이 프로젝트를 담당한 팀원들과 함께 밀라노 출장길에 올랐다. 현지에서 설치 완료된 부스를 보니 그간의 우려와 걱정이 눈 녹듯 사라졌다. 여러 관계자분들에게 좋은 피드백을 받고, 공간을 찾은 이들이 흥미로운 표정으로 관람하고 나가는 모습을 보자, "아, 이게 전시 프로젝트의 매력이지"라는 생각이 다시금 들었다. 반짝 나타났다 없어지지만 마음속에 오래 남을 전시를 만드는 건 참 뜻깊은 일이다.

이 DDP 작업을 핑계로 팀원들과 함께 밀라노 각지에서 벌어지는 디자인 위크를 둘러보며 영감도 받고 바쁜 일상에서 벗어나 꿀맛 같은 휴식을 취했다. 종킴디자인스튜디오의 첫 번째 해외 장기 출장이 된 셈이다. 이번 프로젝트를 통해 팀원들과 좀 더 끈끈해지

는 계기가 된 것 같아 우리 스튜디오의 해외 프로젝트도 잘될 거라
는 느낌을 받았다. DDP 출장이 끝나고 중국과 일본 프로젝트 팀원
들과 독일 및 유럽 출장까지 함께했다. 앞으로의 해외 프로젝트를
통해 종킴디자인스튜디오의 당당한 이야기를 더 다양하게 풀어내
고 싶다.

'종킴디자인스튜디오'

내 이름을 걸고 일을 시작한 지 7년이 됐지만 매일 전쟁 같은 하루를 보낸다. 예상치 못한 문제가 생기고, 그 문제를 해결하는 과정에서 여전히 갈팡질팡하며, 새로운 시도와 반성, 다양한 협업이 이어지고 있다. 스스로 이중적인 사람이라는 생각이 들 정도로, 유명해지는 것은 싫지만 동시에 나를 몰라주는 것도 싫다. 또 내가 열심히 한 작업이 세상에 나왔을 때 '역시 종킴이 종킴했다!'라고 인정받는 건 좋아도 그 외의 일로 사람들의 입방아에 오르내리는 건 싫다. 하지만 변함없는 건 모든 프로젝트를 진심으로 대하는 마음이다. 가끔 클라이언트에게 종종 서운함을 느낄 때가 있다. 진심을 몰

라준다는 생각이 들 때다. '이러면 안 된다'라고 생각하면서도 한편으로는 '내가 여전히 순수한 진심을 유지하고 있구나'라는 생각이 들어 행복하기도 하다.

종킴디자인스튜디오의 자회사 격인 JKDN은 JUST KIDDIN'의 약자로 좀 더 유쾌하고 발랄한 창작 활동을 자유롭게 하는 팀을 꾸리고 싶어서 만든 회사다. 이 이름은 어느 클라이언트의 우스갯소리 때문에 만들어졌다. 어느 날 같이 작업하는 클라이언트 중 한 분이 우리 스튜디오의 약자인 JKD를 보시고 'Just Kiddin'의 약자인 줄 알았다고 하신 적이 있는데, 그 이야기를 듣고 회사가 추구하는 방향성과 맥이 통한다고 생각해서 JKDN으로 지었다. 그때였던 것 같다. 초심이 조금 옅어질 무렵, 내 진로를 결정한 TV 프로그램 〈러브 하우스〉를 처음 봤던 날을 떠올렸던 게. 그날의 충격과 시작의 설렘을 다시 떠올리니 새 출발의 동력이 생겼고, 좀 더 진심으로 이 일을 대할 수 있는 계기가 됐다.

2023년 1월에 문을 연 JKDN의 첫 번째 프로젝트는 '저스트 키딘 파운데이션'이라는 타이틀로 소외계층에게 새로운 공간을 선물하는 것이었다. 서울에 거주 중인 청년을 대상으로 신청을 받았고, 이메일로 여러 사연이 도착했다. 첫 번째 대상은 서울시에서 운영하는 보육원에서 구매한 집이었는데, 갈 곳 없는 청년들의 임시 보호소로 운영되는 곳이었다. 누군가를 위해 이곳이 오랫동안 지속되어야 한다는 점, 한 공간을 여러 사람이 누릴 수 있어야 한다는 점, 이미 세 분이 묵고 있다는 점 때문에 이 공간을 선택했다.

종킴디자인스튜디오의 디자인 특성상 고급 자재를 사용하는 경우가 많았는데, 간혹 남으면 언젠가 유용하게 쓸 수 있으면 좋겠다고 생각했었다. 이 프로젝트를 통해 남은 자재의 쓸모도 찾아주면서 내 나름대로 ESG를 실천한 셈이 됐다. 누군가에게 새로 공간을 만들어 선사하는 거였지만, 만드는 우리가 오히려 많은 것을 얻었다. 또한 우리가 하는 일의 의미를 하나 더 찾은 것 같아 모두에게 뜻깊은 작업이었다. 내년에는 어버이날을 맞아 어르신을 대상으로 프로젝트를 진행하려고 한다.

우리 스튜디오에는 전통처럼 꼭 지키는 것이 세 가지 있다. 첫째는 창립기념일에 워크숍을 떠나는 것인데, 이번 7월에도 날짜에 맞추어 2박 3일 동안 제주도에 다녀왔다. 노는 것에도 게임에도 열정적인 팀원들을 보면서 그동안 고생을 많이 시켰나 싶어 미안한 마음이 들었고, 팀원들이 너무 밝게 웃는 모습에 어색함마저 느꼈다. 그간 있었던 일들을 돌아보고, 함께 웃었다. 둘째는 연말에 단체 사진을 찍는 것이다. 다 같이 한 해를 마무리하면서 소회도 나누고, 사진을 찍는다. 이 사진은 다음의 셋째 전통을 클라이언트에게 공지하기 위한 자료이기도 하다.

셋째는 프롤로그에서도 언급했듯 우리 회사에는 겨울방학이 있다.

12월 첫째 주 금요일 종무식을 끝으로 일 년의 마지막 달 12월에는 회사가 쉰다. 정신없이 일하다가도 일 년에 한 번 긴 휴식을 갖는 이유는 팀원들이 잘 쉬는 것이 무엇보다 중요하기 때문이다. 디자인만 잘하는 팀원이 아닌 다방면에 관심을 두고 여러 자료를 디자인과 접목할 수 있는 디자이너가 되기를 바라는 마음으로 이 제도를 만들었다. 팀원들이 "프레젠테이션 작업이 점점 더 어려워지는 것 같아요"라고 말할 때가 있는데, 그도 그럴 것이 인테리어만 다루는 게 아니라 향, 음악, 음식, 금융 서비스 등 점점 더 넓은 범위를 다루어야 하기 때문이다. 개성 있는 젊은 친구들도 우리 회사의 프레젠테이션을 보면 새롭다며 놀라곤 한다. 아무리 작은 작업일지라도 언제나 같은 수준으로 진행하기에 굳이 이렇게까지 해야 하냐는 소리도 듣는다. 그런데 그게 맞다. 그렇게 해야 한다.

혹자는, "스튜디오가 아무리 큰 스케일로 방향성을 제시한다고 해도, 누군가 제대로 실행해 주지 않으면 무용지물 아닌가요?"라고 말한다. 맞는 말이다. 그럼에도 디자이너는 새로운 문화를 끊임없이 흡수하고, 새롭게 재생산해내야 한다. 그것까지도 디자이너의 몫이라고 생각한다. 그렇지만 '언젠가 AI가 설계 도면을 나만큼 그려내는 날이 오지 않을까?' 하고 우려도 된다. 아마 멀지 않은 미래일 것이다. 그래서 궁극적으로 기획 능력이 있어야 살아남을 수 있으므로 그런 업무 역량을 강화해야 한다고 생각한다. 아직 가보지 않은 미래, 어떤 것이 우리를 기다리고 있을까. 앞으로 종킴디자인스튜디오는 어떻게 변화하고 성장할까.

2023년이 시작되면서 여러 가지 모습들이 바뀌어나가고 있음을 체감한다. 디자인 언어가 다채롭고 풍성해지고 있다. 또한 종킴디자인스튜디오가 하지 못할 거라 생각했던 카테고리의 설계에 과감하게 도전하면서 설렘을 느끼고 있다. 이렇게 바쁠 수 있을까 하는 생각이 들 정도다. 최근에는 광저우에서 미팅을 끝내고 차를 타고 홍콩으로 가 인천행 비행기를 타고 인천공항에 도착한 후, 인천공항 사우나에서 옷을 갈아입고 김포공항으로 가 부산 현장으로, 다시 방배동 현장으로 이동한 적이 있었다. 주말 밤에 돌아오는 비행기에서 지금 나의 모습이 어릴 적 내가 꿈꿨던 이상적인 어른의 모습인가에 대해 다시 한번 생각을 해보니 맞는 것 같기도 했다. 누군가 하나하나 꼼꼼히 다 보는 것은 사업을 하는 것이 아니라 장사하는 것과 같다고 했다. 사업을 할 건지 장사를 할 건지 선택을 해야 회사에 그다음 길이 열린다고 했다. 그래서 나는 해외로 나갈 때 그 나라의 입국카드 직업란에 장사꾼이라고 표기한다. 뭐가 맞고 틀린지는 내 스타일대로 결정하다 보면 답이 나올 것이 분명하다.

최근 진행하고 있는 프로젝트 중 하나가 젊은 친구들을 위한 피자 가게를 만드는 일이다. 기존 종킴디자인스튜디오에서의 진행 방식과는 전혀 다른, 그동안 엄두조차 내지 못하던 공간 스타일로 만들고 있다. 우린 틈만 나면 모여 핑크색과 네온색 종이를 만지작거리거나 캐릭터 스티커를 이리저리 대보며 '십 대 감성이란 뭘까…' 하고 아이디어 씨름을 한다. 그러나 그것도 잠시, 동시에 진행되고 있는 어느 기업의 회장님 자택 프로젝트에 신경을 쏟는다. 어느새 핑크색과 네온색의 종이는 치워지고 회의 테이블은 유럽산 원목 마루와 대리석으로 빠르게 채워진다. 그 모습을 보며 힘들다는 생각보다 '참 이상적인 디자이너의 삶이다'라는 느낌이 먼저 든다.

7년이 70년 같았고, 잘한 것만큼 잘못해서 잃은 것도 많다. 또한 많은 것을 잊어버려 기억도 나지 않는다. 일도 사람도. 그러나 그런 인연을 잡으려고 굳이 노력하지 않았다. 인연이 거기까지라면 그렇게 받아들이고 남은 사람들에게 잘해야겠다고 생각한다. 소셜미디어에서 소위 인플루언서처럼 활동하는 나에 대해 하는 시기 섞인 말도 가끔 들려온다. 물론 나조차도 스스로 어색하고, 이게 맞나 하는 생각이 들 때가 있다. 화면 속의 나는 항상 좋은 일만 하고 모든 게 잘 풀리는 사람처럼 보이니, 누군가에겐 눈에 가시처럼 여겨지는 게 당연하다. 그러나 어디 세상 일이 항상 좋게만 흘러가는가. 하지만 회사의 대표이자 얼굴로서 회사에 도움이 된다면 기꺼이 해야 한다고 생각한다. 나라는 사람만이 할 수 있는 유일한 업무이기도 하니까. 그저 주어진 일에 최선을 다할 뿐이다. 어려운 일은 누구에게나 있다. 다만 일일이 표현하지 않고 묵묵히 감내하며 꾸준히 걸어갈 뿐이다. 물론 가끔은 놀기도 하면서. 나 역시도 이 업계에서 똑같이 밥을 먹으며 사는 디자이너 중 한 명임을, 모두와 똑같은 고충을 겪고 있는 사람임을 알아주었으면 좋겠다.

'좋다'는 말을 단순하게 정의하기는 어렵지만 그래도 좋은 디자이너가 되고 싶다. 그리고 누군가에게 롤 모델이 될 수 있다면 더할 나위 없이 좋겠다. 아니, 롤 모델까지는 아니더라도 "아, 한국에도 이렇게 일하는 회사가 있구나" "같이 일하고 싶다"라는 마음이 들게 하는, 희망을 보여줄 수 있는 회사를 만든 사람이 되고 싶다. 회사가 커질수록 내규도 생기고 그에 따른 제한도 촘촘해지다보니 옹기종기 모여 시작했던 아틀리에의 맛이 조금씩 흐려지는 것 같아 아쉬움도 있다. 하지만 우리의 일상은 그때와 변함없이 이어지고 있다. 매일 크고 작은 이슈가 끊임없이 생기고, 갑자기 대기업 오너 앞에서 프레젠테이션을 해야 하고, 외국인을 상대로 통역원과 함께 미팅을 하기도 한다. 프로젝트가 성사됐다, 엎어지기도 하고, 수만 제곱미터 규모의 리조트부터 30제곱미터도 안 되는 작은 공간까지 두루 작업하기도 한다. 만나는 모든 사람들과 모든 장소, 연결되는 모든 인연이 너무나도 소중하다.

내가 그리는 종킴디자인스튜디오는 정해진 영역 너머 다양한 프로젝트를 다루며 스스로 '고급'의 위치에 올라 즐겁게 일하는 곳이다. 나 역시도 내가 다루는 공간, 내가 사랑하는 사람들을 더욱 빛나게 해주기 위해 계속 노력하려고 한다. 이 책은 매일 밤낮으로 함께 울고 웃으며 일한 종킴디자인스튜디오 팀원들 덕분에 나올 수 있었다. 이 기회에 평소에는 잘 표현하지 못했던 진심을 담아 고마움을 전한다.

감사합니다, 모든 것이 여러분 덕분입니다.

김종완 드림.

왼쪽부터 이채린, 김세윤, 이푸름, 전혜리, 정현수, 한성욱, 조경훈, 원영현, 이형우, 장혜민. 박하연, 왕도훈,
이은화, 이유정, 전한솔, 김동경, 정서정, 이현지, 여성민, 송이영, 권경훈, 김병주, 백인태, 이준표, 최형석님

감
사
한

분
들

바쁘다는 핑계로 엄마와 동생을 챙기지 못하는 아들을 하늘에서
꾸중하고 계실 것 같은 나의 하늘 우리 아빠, 매일매일 그립습니다.
세상에서 제일 사랑하는 우리 엄마 그리고 얼마 전 싱가포르로 시
집간, 나의 하나뿐인 여동생 그리고 제부 마크. 가족의 구성원으로
힘이 되어주어 든든합니다. 때로는 상담사처럼, 친구처럼 나를 위
로해주고 지켜주는 반려 강아지 켄과 밤 고마워. 나의 영원한 등대
북극 서울. 원동력이 되주어 감사합니다. 곧 사회에서 만날 국민대
학교 조형대학 3학년 친구들, 바쁜 일정으로 가끔씩 온라인 수업으
로 변경할 때마다 미안한 마음이 듭니다. 가끔씩 모여 잔소리같이
의견을 주거나 평가하는 부담스러운 자리를 항상 편하고 기분 좋
게 만들어주시는 서울디자인재단 여러분들 감사합니다.

책에 담지 못했지만 똑같이 소중했던 프로젝트의 인연들에게 감사 인사를 전합니다.

M-house

어쩌면 제가 만난 클라이언트 가족 중 가장 선물 같은 분들입니다. 민회장님 가족의 따뜻한 배려와 소중하게 건축을 지키고자 하는 마음이 있었기에 가능했던 프로젝트라 생각됩니다. 존경할 수 있는 사람이 생겨 감사했습니다. 같이 시공했던 계선, 장윤일 사장님 그리고 서상욱, 류정우 현장 소장님, 박상익 사원님. 부드러운 설계와 시공, 완벽했던 팀워크 모두 감사합니다. 오래된 건축물에 대한 구조적 도움을 주신, CLS의 임철우 대표님, SIMPLEX 건축 박정환, 송상헌 소장님 감사합니다. 조명에 대한 진심을 보여준 디에디트 최혁재, 홍지숙 이사님. 그리고 마지막까지 도와주신 조명 설계 박지윤 소장님 외 폼기버 식구들과 현장에서 만날 때마다 따뜻한 배려와 좋은 말씀 많이 해주셨던 조경 권춘희 소장님, 같이 일할 수 있어 감사했습니다. 항상 수준 높은 대리석 시공과 적극적인 피드백으로 도움주시는 아상 황호준 실장님 그리고 프로젝트마다 한결같이 평온하게 대응해주시는 타일의 블루원 유일청 실장님 감사합니다.

AP

아모레퍼시픽과의 여섯 번째 작업. 그리고 새로운 브랜드의 시작을 같이 작업하며 고뇌했던 시간들. 다 같이 고생하고 협업의 소중함을 일깨워 준 허정원 상무님, 황소윤 팀장님 그리고 한민지님, 김수진님, 조다영님, 디자인팀 감사합니다.

XYZ Seoul

책이 나올 때 즈음이면 이미 성수동의 핫 플레이스가 되어있을 곳. 저에게 많은 영감을 주고, 때로는 닮고 싶은 형처럼 많은 것을 배우게 해주었던 DFY 황병삼 대표님. 앞으로도 같이 재미있게 작업하면서 많이 배워나가고 싶습니다. 감사합니다.

FuF Pizza & Voila Cafe

디자인과 브랜딩에 진심인 조수훈 대표님. 같이 일하면서 그 진심이 저희에게도 전달되었습니다. 작지만 소중했던 기억들 감사합니다. 그리고 저희 스튜디오에 힐링 같았던 프로젝트 감사합니다. 퇴사하여 레스토랑을 오픈하느라 바쁜데도 설계를 도와준 신한별 대표님. 작은 공간이지만 시공해준, 우리 스튜디오를 항상 진심으로 대해주시는 다임 김나현 대표님, 박찬기 이사님 감사합니다. 이번 프로젝트로 또 한 번 새로운 시도 같이 해주시기로 마음먹어 주신 오이코스팀 외 공정혜 이사님 그리고 퍼플색 우드 플로링을 만들어주신 우리 스튜디오의 큰 힘, BOIS 오현미 대표님 감사합니다.

설해원 & 설해수림

강원도 양양의 대형 리조트 프로젝트. 우리 스튜디오를 믿어주시고 선뜻 손잡아주신 설해원 권기연 부회장님. 그리고 이서영 부사장님, 오미희 이사님. 내년이 기대됩니다!

SSG

샤이릴라 프로젝트 이후 오랜만에 만나 같이 작업하게 된 SSG 랜더스 야구단 그리고 신세계 이마트 팀, 스튜디오 방학 기간에도 협업할 수 있게 역할을 해주셔서 감사했습니다. 주방 설계와 제작까지 어려운 디테일을 오차 없이 이끌어주신 넥서스 팀 감사합니다. 빠듯한 일정에도 끊임없이 도움 주신 인피니팀 그리고 두오모팀 감사합니다.

Y-project / 개인 프로젝트

종킴디자인스튜디오의 첫 아파트 설계 프로젝트. 소중한 공간을 작업하며 더욱 가까워진 나의 부회장님 감사합니다. 곧 있을 일본 프로젝트에서도 또 한 번 감동 드리겠습니다. 가구의 힘을 보여주

는 김동현 이사님. 그리고 지금은 퇴사했지만 설계 작업에 함께해
준 우리 스튜디오의 박영진 대표님, 출산 축하드리고요, 함께해서
정말 좋았습니다. 패브릭부터 카펫까지 마지막을 완성 시켜주신 유
엔어스팀 그리고 백명주 대표님 항상 감사합니다.

Laneige

라네즈 장보원 팀장님 외 디자인 팀원들. 다양한 품목과 눈에 보
이지 않는 가상의 공간으로 시작된 SI로, 각자의 업무에 대한 존중
과 확실한 팀워크로 아모레퍼시픽과 협업하며 다시 한번 즐거움을
느낄 수 있었습니다. 감사합니다.

N-project / 개인 프로젝트

첫 만남부터 끝까지 한결같은 남대표님. 같이 설계하며 기뻐하셨
던 표정이 아직도 눈에 선합니다. 우리가 설계하는 많은 프로젝트
에 어울리는 아트피스로 스토리텔링을 해주는 라스튜스 김민선 실
장님 감사합니다. 다양한 아트피스로 공간에 정점을 찍을 수 있었
습니다.

C-Project / 개인 프로젝트

한남동 개인주택 프로젝트. JKDN의 영감의 원천, 김대표님 감사

합니다. 같이 작업하며 설계 외에 우리 스튜디오가 챙겨야 할 다른 것들에 대한 시각을 일깨워 주셨습니다. 많은 것을 경험할 수 있었고, 배울 수 있었습니다. 다시 함께할 수 있는 그날까지 성장하겠습니다.

The new spring projcet의 홍관장님, 따라갈 수 없는 경험에서 오는 감각으로 제가 오만해지지 않도록 반성할 수 있는 기회를 주셔서 항상 감사합니다. 함께 시공하며 끝까지 설계 챙겨주신 국보디자인 감사합니다.

L-Project / 개인 프로젝트

재연 대표님, 무슨 말이 필요할까요. 상남자 같지만 상냥하고 따듯한 배려심을 보여줘 항상 감동받습니다. 같이 작업하는 프로젝트마다 새로워서 매번 감사한 마음입니다. 같이 일하는 동안 아드님도 생기고, 여러 가지 이야기들을 공유할 수 있어 행복합니다.

SUM(SUM Otaru microbiome center)

LG생활건강 박진갑 팀장님 외 팀원들과 청주 공장 프로젝트 이후 두 번째로 같이 한 프로젝트. 코로나19로 일본 홋카이도에 한 번도 가보지 못하고 화상회의로만 진행해 아쉬움이 많이 남지만,

좋은 기회를 주셔서 감사했습니다. 언젠가 가볼 수 있는 날이 오기를 기대합니다.

Off Course

큰 공간에 대한 여러 가지 고민을 같이 나누고 우리의 컨설팅을 이해하고 믿어준 아마스빈 대표님 및 팀원들 감사합니다. 대형 카페의 특성상 우리만의 디테일을 많이 적용하지 못했지만, 큰 공간에서 최대한 노력하며 서로 끝까지 챙겼던 모습은 장거리 계주 같았습니다. 감사합니다.

SMT Lounge

SM 엔터테인먼트와 미팅할 때마다 롤 모델이 있다면 저런 분이면 좋겠다고 생각했던 존경하는 김영민 총괄사장님 그리고 같이 여러 프로젝트를 하며 고생했던 유성호 대표님, 김장현님 감사합니다.

D-Tower

이 작업은 우리 스튜디오의 첫 번째 디자인 설계 비딩 당선작이자 우리 스튜디오의 첫 번째 대형 프로젝트였습니다. 너무 큰 프로젝트를 덜컥 시작하며 준비되지 않은 모습을 보였는데, 이해해주며 이끌어주신 대림산업팀 그리고 이정은 대표님, 조형진 팀장님 감사합니다. 성수동을 지나갈 때마다 건물을 보면 그때의 추억이 떠올라 웃음 짓게 됩니다.

Pilates Gonggan

같은 동네에서 자란 중학교 동창 기휘와 그의 아내이자 필라테스 원장 선생님. 감사합니다. 이렇게 잘 큰 어른이 되어 다시 만나 행복했습니다. 그리고 좋은 원단과 항상 기분 좋은 에너지로 우리 회사의 큰 파트너가 되어주는 인트로닷팀 감사합니다.

HY(한국야쿠르트)

불가능할 줄 알았던 일정을 조율하느라 고생하신 서교석 팀장님 외 당시의 한국야쿠르트팀(현 HY팀) 감사합니다. 실시설계와 공사를 동시에 하느라 정신없이 함께 일했던 아주디자인그룹의 강명진 대표님, 박준호 전무님, 윤설영 이사님 그리고 가장 고생하신 한광호 부장님 감사합니다. 또한 이 프로젝트에 큰 도움을 준 임경규 부장님 외 LIA팀 감사합니다.

RamaRama

꽃을 다루는 직업을 가진 사람은 다 그렇게 천사 같은 걸까요. 아직도 가까운 곳에서 잘 챙겨주시는 정은정 대표님 감사합니다.

신세계 디자인팀

대전, 영등포, 강남 세 곳의 공용부 설계 및 슈즈 멀티숍을 작업하며 자주 변동되는 MD와 조율하느라 애쓰셨습니다. 감사합니다.

L-Event

전시 팝업 공간을 진행하며 현장의 긴급한 상황에 대처하는 능력을 배울 수 있었던 루이비통 코리아 그리고 이남경 팀장님 외 K2 코리아팀 감사합니다. 멋진 꽃 스타일링으로 우리의 공간을 마무리해주신 르부케 정미영 선생님 그리고 스타일리스트 고은선, 이지현 실장님 감사합니다.

J project

나의 누나 정정이 이사님, 항상 감사합니다. 따듯하고 섬세하게 배려해주는 마음에 항상 감동 받습니다. 오랜 친구 같은 사람들과 사회에서 함께 일할 수 있는 기회가 얼마나 귀중한지 다시 한번 깨닫습니다. 그리고 두 번째 프로젝트를 같이 진행하고 있는 김이홍 아키텍츠 김이홍 소장님 앞으로도 잘 부탁드립니다. 그리고 감사합니다! 그리고 잘해보겠습니다!

Jeum

작은 매장이었지만 진심으로 대해준 우림 FMG 팀원분들 그리고 재하 대표님. 새로운 출발을 진심으로 응원합니다. 감사합니다.

그리고 우리 스튜디오의 모든 공간을 멋진 사진으로 기록해 주시는 Studio SIM의 심윤석 실장님, 감사합니다.

종킴디자인스튜디오의 디자인과 열정을 믿고 맡겨주신 모든 분과 우리가 유연하게 설계할 수 있도록 도움 주신 수많은 협력사분들 그리고 저희가 디자인한 공간에서 행복을 느끼셨을 독자분들께 진심으로 감사한 말씀을 전합니다. 모든 공간에 산책하듯 오셔서 많은 것들을 마음에 담아가시길 바랍니다.

감사합니다.

공간
간
산
책